农家创业致富丛书

果品加工新技术与营销

主　编　黄林生
副主编　张振霖
编著者　黄宇媚　张　胜　黄　贺
　　　　张仁雨　郑　平

金盾出版社

内 容 提 要

本书详细介绍了农民投资创办果品加工企业的方法，以及促进企业健康发展的先进理念和实用技术。主要内容包括：概述、果品保鲜贮藏技术、果品干制加工技术、果品罐头加工技术、果汁加工技术、果品糖制加工技术、果酒酿造技术、果品加工产品质量安全和营销等。

本书内容新颖，所介绍的技术先进，针对性与可操作性强，适合创办果品加工企业的农民朋友和农业科技人员阅读，对农林、轻工院校师生和科研人员亦有参考价值，还可作为职专技能培训教材使用。

图书在版编目(CIP)数据

果品加工新技术与营销/黄林生主编. --北京：金盾出版社，2011. 1

(农家创业致富丛书/施能浦，丁湖广主编)

ISBN 978-7-5082-6709-8

Ⅰ. ①果… Ⅱ. ①黄… Ⅲ. ①水果加工②水果—市场营销学 Ⅳ. ①TS255. 36②F762. 3

中国版本图书馆 CIP 数据核字(2010)第 210121 号

金盾出版社出版、总发行

北京太平路 5 号(地铁万寿路站往南)

邮政编码：100036 电话：68214039 83219215

传真：68276683 网址：www. jdcbs. cn

封面印刷：北京凌奇印刷有限责任公司

正文印刷：北京军迪印刷有限责任公司

装订：北京军迪印刷有限责任公司

各地新华书店经销

开本：850×1168 1/32 印张：7. 875 字数：197 千字

2011 年 1 月第 1 版第 1 次印刷

印数：1～8 000 册 定价：15. 00 元

序

近年来，在《中共中央国务院关于推进社会主义新农村建设的若干意见》(中发〔2006〕1号)的文件精神指导下，政府有关部门针对农产品加工，也制定了多个具有指导意义的文件，如国务院办公厅《关于促进农产品加工业发展的意见》(国办〔2006〕62号)，以及农业部《农产品加工推进方案》(农企发〔2004〕4号)等。随着改革开放的不断深入，我国农产品加工业发展迅速，加工企业不断壮大，生产逐步走向规范化和现代化，农产品加工品种不断增多，产品质量也进一步提升，国内市场日趋旺盛，国际市场也在逐步拓宽，形势喜人。

农产品加工业一端连接着原材料生产者即广大的农民，另一端连接着千家万户的消费者，是生产、加工、销售产业链的枢纽。世界上许多发达国家把农产品产后储藏和加工工程放在农业的首位，加工产值已为农业产值的3倍，而我国加工产值还低于农业产值。全球经济一体化和我国加入世贸组织给农产品生产与加工带来了新的发展契机。目前，我国已发展成为世界农产品加工的最大出口国之一。

我国地大物博，农产品资源丰富，但是，每年到了农产品的收获季节，大量鲜品涌向市场，供大于求，致使价格下跌，从而挫伤了农民的生产积极性。加工的滞后已成为“三农”关注的焦点问题。发展农产品加工业，提高产品附加值，对于增加农民收入、促进农业产业化经营、加速社会主义新农村建设、落实 2009 年中央 1 号文件中的“稳农、稳粮，强基础，重民生”，起着积极的作用。

组编这套农家创业致富丛书的目的，就是为了更好地服务于已从事农产品加工业，或想从事农产品加工业的广大农民。参加编写的作者都是有着扎实的理论基础和长期实践经验的资深专家、学者，他们以满腔热情、认真负责、精益求精的态度进行撰写，现已如期完成，付之出版。整套丛书技术涵盖面广，涉及粮油、蔬菜、畜禽、水产、果品、食用菌、茶叶、中草药、林副产品加工新技术与营销，共计 9 册，每册 15 万～20 万字。丛书内容表述深入浅出，语言通俗易懂，适合广大农民及有关人员阅读和应用。相信这套丛书的出版发行，必将为农家创业致富开辟新的路径，并对我国农产品加工新技术的推广应用和社会主义新农村建设的健康发展起到积极的指导作用。本丛书内容丰富，广大农民朋友和相关业者可因地制宜、择需学用，广开创业致富门路，加速实现小康！

农工党中央常委、福建省委员会主委
政协第十一届全国委员会常委
福建省农业厅厅长
中国食品科技学会常务理事
国家保健食品终审评委
教育部(农业)食品与营养学科教育指导委员会委员

前　言

我国是世界果树种植面积最大和水果产量最多的国家，果树栽培历史悠久，资源丰富，水果和干果品种达 50余种，是世界果树种植起源最早和种类最多的原产地之一。近年来，果品加工已成为建设社会主义新农村的特色经济和支柱产业，也是农民创业致富的好门路。果品加工业的发展，促进了整个产业链的形成，带动了果品生产、流通和科研等相关行业的发展，进一步繁荣了农村经济并增加了农民的收入。

由于水果成熟期集中、易腐烂，而且市场容纳量有限，致使鲜果旺季价格急剧下降，果贱则伤农。而果品加工可缓解果品旺淡季节的市场供求矛盾，增加果农收入，提高经济效益。

长期以来，我国科技工作者和广大劳动人民在生产和生活中，对果品保鲜、贮藏和加工进行了深入探索，找到了一系列切实可行的科学加工方法，并不断拓宽加工领域。通过精深加工，原始农产品变成高端产品，几倍甚至上百倍地提高了产品附加值，使果品资源得到充分的利用，并可获得更高的经济收益。农民投资果品加工业是农家创业致富、为多余劳动力找到就业出路的好途径。

本书以我国现已开发并已进入商品化生产的果品品种为例，详细介绍了各种果品加工新技术，根据南北各地的地域特点，通过对比、去粗取精、筛选重点，归纳整理成技术先进、针对性与可操作性强的内容体系，可为从事果品加工的企业和广大农民朋友提供有益的参考，更好地促进果品加工业的发展，加速实现小康。这是作者的最大心愿！

由于作者水平有限，书中遗漏和谬误之处在所难免，敬请专家及读者批评指正。

作 者

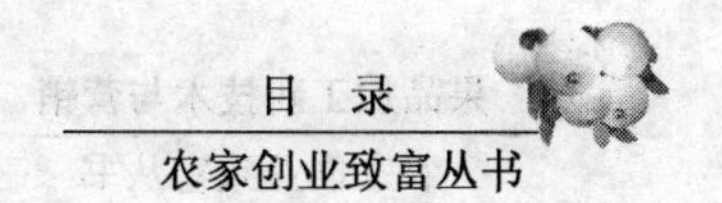

目录

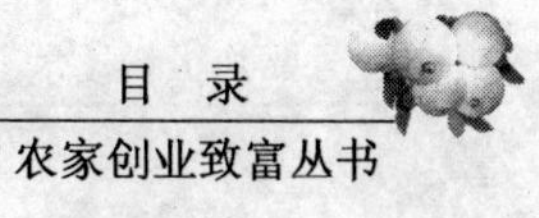

第一章 概 述

第一节 果品加工的重要意义

一、果品加工是产业发展的需要

我国果树资源丰富,果树栽培技术已有数千年的历史。从1993年开始,我国果品总产量已超过印度、巴西、美国,跃居世界第一位。据2004年统计,我国果品年总产量达1.5亿吨,人均水果占有量为115公斤。果品生产作为一项新兴产业,在农村经济发展中具有十分重要的地位,在很多地区已成为农村经济的支柱产业。多年来,我国果品一向以鲜销为主,加工为辅,由于果品大都出产于山区,由于交通不便,加之贮藏加工业薄弱,有相当数量的果品因积压而腐烂,损失严重。据统计,我国果品有20%~30%损失在采收、运输、流通等环节中,即每年有数百万吨果品损失掉,而发达国家果品的平均损耗不到7%。

近年来,我国果品产量增长迅速,鲜果的销售面临着更加严峻的局面。果农在采收季节,尤其丰收季节,往往出现卖果难,"果贱伤农"的现象频繁出现,果农增产得不到增收。现今果品产业发展主要矛盾已不在栽培生产,而在于流通,要流通顺畅,就必须依赖果品的保鲜贮藏和加工技术。

我国果品保鲜贮藏和加工业与发达的西方国家相比,差距还很大。在果品保鲜方面,我国果品采后的商品贮藏仅占总产量的

10%，而欧美国家高达90%以上。在果品加工方面，我国果品加工量不足10%，与欧美国家相比差距更大。所以，发展我国果品保鲜贮藏与加工业势在必行，是产业发展的需要。

二、果品加工可满足广大消费者的需求

近年来，随着我国经济的高速发展，人民生活水平也不断提高。2003年，我国人均GDP已经超过1000美元，人民已踏上小康之路，消费层次上迅速提升，果品已成为人们获取维生素、矿物质和膳食纤维的主要食品之一。因此，人们对新鲜果品和加工制品的质量要求也不断提高，不但注重果品自身的口味、营养、新鲜度，同时又注重是否便于携带、便于消费、贮藏期限、消闲保健等功能。因此，果品加工业要适应现代消费理念，以其优质新颖的产品赢得不同口味消费者的青睐。

三、果品贮藏加工可提高农民的收益

果品贮藏加工是农民实现增产增收的有效途径。果品采收后，在常温条件下，只能贮藏很短时间，如不及时将鲜果销售出去，就会腐烂变质。近年来，随着农业科技的进步，各地果品产量不断提高，鲜果市场的竞争力更加激烈，尤其是果品丰收季节就会出现"增产不增收"现象。因此，只有发展果品保鲜贮藏加工业，才能很好地解决农民卖鲜果难的问题，保证增产增收，同时向市场提供高质量、高附加值的果品。

果品贮藏加工是解决果品地域性和季节性过剩的有效途径。北方的水果品种主要有苹果、梨、杏等，南方的水果品种主要有荔枝、龙眼、枇杷、杨梅等，都存在明显的价格地域性和季节性差异，有时南北差价高达10倍以上，其主要原因是水果大部分采收时间集中于夏、秋季，南方水果大多夏季成熟上市，一般不耐贮藏；北方水果大多秋季上市，虽然较耐贮，但采果数量大，短时间难以

销往全国各地，加之果品采后商品化处理程度较低，在采收季节、大量果品集中上市时，由于销路不畅，只能压价出售。而旺季一过，市场果品减少，价格又一路上扬。所以，只有通过果品贮藏加工，才能真正解决果品地域性和季节性的过剩问题，才能减少果品价格的大起大落，使果品做到旺季不烂，淡季不断，全年均衡供应，使果农、经销者和消费者都得到真正的实惠。

第二节　果品加工的主要形式

一、保鲜贮藏

(1)机械冷藏　应用机械制冷设备，将库内的热量排出库外，使库温降低到果品贮藏温度的贮藏方式。低温贮藏可降低果品的呼吸强度，减少果品的呼吸消耗，从而延长果品贮藏期。

(2)气调贮藏　通过调节贮藏环境中氧气和二氧化碳的浓度，即减少氧气浓度，增加二氧化碳浓度，降低果品呼吸强度，抑制乙烯形成，减弱对果品的催熟作用，以保持果品品质的贮藏方式。

(3)减压贮藏　将果品置于密闭的贮藏室内，抽气减压，使果品在低温和低于大气压的环境下进行贮藏的方式。减压贮藏是气调贮藏发展的高级阶段。减压贮藏是通过创造一个低氧、低温和气体扩散的环境，有效防止果品品质变坏的贮藏方式。

(4)辐照保鲜　使用同位素钴-60作为辐射源，对果品进行辐照。辐照可延迟果品的后熟衰老，杀灭害虫和病菌，延长果品的贮藏寿命。

二、果品干制

干制是干燥和脱水的统称。干燥是利用阳光或自然界的空气流动除去果品水分的工艺，又称为自然干燥，如晒干或风干；脱水是在人为控制下除去果品中水分，如利用热风、蒸汽、减压、冻结等方法。

干制加工方法的优点是设备可简可繁，操作简便，产品重量轻、体积小，便于包装、运输和携带，食用方便等。

三、糖制加工

利用高浓度糖液的渗透脱水作用，将果品加工成糖制品，使果品原料降低水分活度，提高渗透压，有效抑制微生物的生长繁殖，防止腐败变质，达到长期贮藏的目的。

利用食糖制成的糖制果品具有高糖、高酸等特点，不仅改善了原料的食用品质，还赋予产品良好的色泽和风味，提高了果品在贮存和运输期间的品质。

四、果品罐藏

果品经预处理(清洗、去皮、切分、烫漂、护色等)，密封在容器或包装袋中，经过杀菌处理，杀灭大部分微生物，在密闭和真空条件下，达到长期保存的果品贮藏方法。

罐藏的优点是保存时间长，在常温条件下，一般可保存1～2年；食用方便，无需再加工；已经杀菌处理，安全卫生。罐藏果品可以起到调节市场、保证果品全年均衡供应的作用。

五、制汁加工

使用破碎机或压榨机将果品制成汁液，然后添加糖、酸、香料、蒸馏水等配制而成果汁饮料，经灌装密封、杀菌冷却，便可长时间贮藏。

果汁色泽亮丽，且含新鲜果品的多种维生素、矿物质和膳食纤维，风味和营养十分接近新鲜水果，是良好的保健饮料，日益受到人们的欢迎。据统计，我国果蔬饮料年产量在100万吨左右，但人均占有量仅为0.1升，而发达国家人均占有量则为40升以上，因此，我国果蔬饮料消费市场具有巨大的发展潜力。

六、精制酿造

果酒是以果品为原料，利用酵母菌发酵酿制而成的低度酒。果酒不同于粮食酒，具有水果的芳香，风味醇和，味美爽口，色泽鲜美，营养丰富。据分析，果酒的营养价值和果汁很相近。

第三节　果品加工的市场前景

一、果品加工业的经济效益显著

近年来，我国果品产量有了大幅度提高。2000年，我国果品总产量约7000万吨，2004年约为1.5亿吨，4年时间产量翻了一番。在我国，蔬菜和果品产量仅次于粮食，分别居种植业的第二位和第三位。果品作为经济价值较高的农产品，在农业结构调整中，正日益受到重视。

果品经过保鲜贮藏，可以减少损耗，延长供应期。再进一步加工以后，可以制成丰富多彩的产品，如柿子可制成柿丸、柿饼、柿酒、柿醋等；葡萄加工后可制成葡萄干、葡萄糖水罐头、葡萄酒、白兰地等；桃子加工后，可制成桃脯、桃酱、糖水桃罐头、桃干、桃酒等；龙眼可制成糖水龙眼罐头、桂圆干等。

果品加工的经济效益十分显著，平均每加工1公斤果品可获利0.40元人民币。建一个年产300吨的果脯蜜饯加工厂，一年可获利15万元左右；建一个年产200吨的山楂饼加工厂，一年可获利17万元左右；建一个年产900吨的柑橘汁加工厂，一年可获利20万元左右；葡萄酿酒每吨鲜葡萄可获利200万元左右。果品加工还可以充分利用果品生产、运输中产生的残、次、落果，制成其他制品减少损耗、增加效益。例如，残次李柰果可作为蜜饯的原料，大部分次果可以作为果酒的原料。其次，可以将野生果品如猕猴桃、山葡萄、野柿子等加工成蜜饯、果汁或果酒。总之，果品加工是农民创业致富的一个重要途径。

二、果品加工制品的市场前景广阔

果品经过加工以后，可以制成丰富多彩的产品，如果干、果脯、果酱、蜜饯、果汁、果糕、果酒及糖水罐头。果品加工制品已成为人们生活的必需品，它具有较高的营养价值，除含有丰富的葡萄糖、果糖外，还含有大量的矿物质、维生素、纤维素等。此外，果品加工制品还含有一定量果酸、单宁和芳香物质，能刺激胃液的分泌，有增进食欲、帮助消化等功效。

随着生活水平的不断提高，人们对健康更加重视，对果品加工制品的质量要求也越来越高。据有关营养专家研究，每人每年需要食人 70～80 公斤的水果，才能满足身体健康的需要。我国是人口大国，有着巨大的果品加工制品的国内消费市场。目前，我国现有水果出口量仅占水果总产量 1.16%，而世界许多国家的水果出口量为水果总产量的 10%，同时，国家早已将农产品贮藏加工放在首要位置。当前，我国果品加工业虽然取得一定进步，但贮藏加工水平和生产规模还比较小。我们要进一步努力，在贮藏加工方面积极采用新技术，开发新产品，提高生产效率，降低生产成本，提高产品品质，增强市场竞争力，努力生产出适合国内外不同消费市场、不同消费层次群体的多元产品。

第四节 果品加工企业分类

果品加工厂大体可分为小型、中型和大型三种类型。其生产

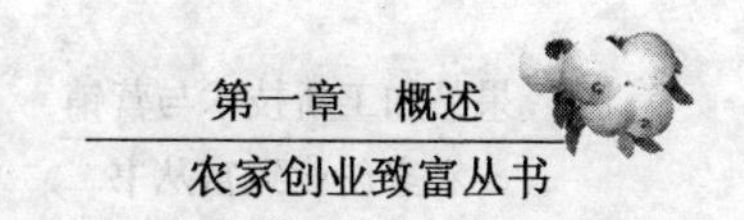

规模大小、投资多少，可根据当地果树栽培面积、水果产季数量，以及加工产品档次而定。不同规模加工厂的投资回报和经济效益与生产设备和企业经营管理密切相关。

一、小型果品加工厂

1. 经营项目

小型加工厂指的是建在果品产地、根据果品生产数量和市场需求进行加工的加工厂。常见的小型加工厂以果品简易保鲜贮藏和鲜果干制加工为主业。

2. 生产规模

此种类型的加工厂可由农家独办或集股联办，生产规模和投资可大可小，保鲜库贮藏量 6～8 吨，或日加工干果 1～2 吨，从业人员 3～5 人。

3. 基本设置

①厂房。可利用现有农家空闲住房或在房前屋后搭盖简易厂房。其结构以木架或钢架为支柱四周砌砖，屋顶瓦片或塑钢瓦、石棉瓦、水泥平顶均可。厂房面积视生产规模大小而定，一般为 1000～2000 平方米。

②分拣场所。分拣场所用于果品的堆放、挑选、分级、整理，地面以水泥坪或木板地为好，也可根据生产实际需要而定。

③生产设备。利用地窖、山洞、防空洞等现成设施，配置制冷机组一套，包括制冷机、冷凝机各一台，以及通风设备等；保鲜库配备塑料周转筐或竹藤编箩筐、包果网纱袋、包装膜、包装纸箱等；加工果品用的切片机、脱水烘干机及相应的测量仪器、磅秤、温度计等。

4. 投资回报

(1)保鲜贮藏加工　以苹果、梨的保鲜加工为主。若库容量为 6～8 吨，则总体投资需 3 万～4 万元。盛产期每吨收购价为

2000～2300 元，经过分拣、分级、包装，其每吨平均成本价为 2500～2800 元。贮藏 2 个月后，其出厂批发价为每吨 3100～3500 元，除成本、资金占用、应摊利息、劳动工资外，其利润每吨可达 600～700 元。若贮藏两个品种，按年总产量 80～100 吨计算，乘以每吨获利 600～700 元，全年可获利 4 万～7 万元，当年收回投资，尚可获利 2 万～3 万元。贮藏期出货时，随着价格上浮，其获利也相应增加。

(2)鲜果干制加工 核桃、板栗等坚果采用晾晒加工成干果；红枣、苹果、山楂、桃、李、龙眼、荔枝等鲜果，采用晾晒整果或切片脱水干制加工。旺产期按不同品种尽量用最低收购价进行收购，经过加工后，实得干果一般为鲜果量的 20%左右，而干果价格通常为鲜果的 10 倍，除去加工过程中脱水机械燃料费、劳动工资外，每吨可获利 400～500 元，按每月加工干果 30～40 吨计算，每月可获利 1.2 万～1.6 万元，再乘以产季 5 个月，其利润为 6 万～8 万元，去除投资外可获利 3 万～4 万元。

5. 风险分析

小型果品加工厂所需的原料可在旺产季节、价格最低时进行收购，加上场地就近、家庭人员作业、雇工量少，整体成本低廉。产季过后，市场缺货，价格一般比原有上浮 30%～50%。鲜果干制脱水加工产品可常年应市，设备投资不大，成本低廉。相对而言，投资小型加工厂“十拿九稳”，风险较小，农家易于接受，是农家创业致富的好门路。

二、中型果品加工厂

1. 经营项目

中型果品加工厂，以蜜饯生产为主，适于乡镇企业或农民合作社集股经营。

2. 生产规模

中型加工厂具有一定生产规模，产品定位明确，以日加工蜜饯1～2吨的生产量设计，需配备生产工人10～15人。

3. 基本设置

(1)厂房车间　厂房占地面积一般为800～1000平方米，包括原料清理、切削整形、果胚渍制等工序车间，以及化验室、成品包装和贮藏库等，采用彩钢板盖顶，砖瓦与木料或钢管搭架。

(2)加工机械

①切削机用于果品削皮、切块、切片、改形。

②夹层锅主要用于鲜果杀青、预煮、调味品的配制。夹层锅为不锈钢半球形双层锅，内层为不锈钢制成，内外层之间可通入高热蒸汽，有压力表可以读数，锅内还装有搅拌器，夹层锅常用GT6J6－300～500升倾式，造价7000～8000元。

③杀青锅容量2000千克，由3毫米不锈钢板焊成，体积为1.3米×1米×0.4米。

④冷却池由砖砌成，水泥池，体积为2米×1.5米×1米，造价4300元。

⑤锅炉容量0.5吨以上，造价5万元。

⑥排气箱能去除物料中的气体，防止容器内的物料上漂及氧化变质等。

⑦全自动真空封罐机，常用GT4BII真空封罐机，60～80罐/分钟。

⑧真空包装机将加工后的物料装入气密性薄膜材料包装容器后，密封前抽成一定数值的真空度，使薄膜材料紧贴物料。真空包装可以防止食品氧化、变质，体积缩小，便于贮存和运输。

4. 投资回报

(1)项目投资　中型蜜饯加工厂车间搭盖需投资30万元，机械和配套设备需投资20万元，总计投资50万元。

(2)利润测算 生产蜜饯的成本与利润比为1∶1.5～1∶2。每吨除生产成本和固定资产折旧摊销及利息等，每吨利润至少为2000～2400元，若年生产量为400吨，企业年毛利润可达80万～96万元，当年收回投资，企业税后可获利20万～30万元。

5. 风险分析

果类蜜饯产品已成为最受现代人欢迎的休闲旅游食品，特别是小包装即食产品利润丰厚，市场发展空间很大、前景看好。而中型加工厂生产效能很强，其风险在于产品质量和流通渠道。因此，在实施项目过程中，必须注意几点：

①建立稳定性生产基地，实行"工厂＋基地＋农户"的生产模式，使原料供应有保障。

②把握产品质量，特别是食品安全卫生，严格按照国家食品安全法有关规定，尤其是添加剂不得超标，产品要求通过QS认证。

③规范生产管理，从业员工必须进行职业技能培训，持证上岗，实行可塑性责任制，生产各个环节严格把关。

④广开销售渠道，千方百计寻找客户，稳定销售网络，确保产品流通顺畅，避免产品积压，资金周转不灵，导致企业亏损。

三、大型果品加工厂

1. 经营项目

大型水果加工厂以生产罐头制品、果酒、果汁、果酱、果醋等产品为主；或以提取水果活性成分如果胶、维生素C等有效物质，制成具有保健功能的产品。这类工厂一般自动化程度较高，生产规模大小应视产品市场定位缜密计划。

2. 生产规模

生产规模应根据生产品种、机械化程度和设备条件而定，如日产8～10吨罐头、果汁、饮料，配备员工30～50人，其工艺过程要求按照机械化操作程序进行。

3. 基本设置

(1)厂房车间 厂房占地面积一般为1000～2000平方米。包括原料清洗车间、切碎预煮车间、制罐加工车间、化验室、成品贮藏库等。

(2)机械设备

①常用GT7C5型洗罐机清洗空罐。

②切削机用于水果削皮、切块、切片改型。

③破碎压榨常用的有螺旋榨汁机、带式榨汁机、裹式榨汁机、浸提果蔬汁设备、辊式破碎机、打浆机、压榨机、磨碎机、菜汁分离压榨机等。

④加热预煮常见的有可倾式夹层锅、立式夹层锅、螺旋预煮机等，容量为300～500升。

⑤根据不同的工作原理，过滤设备可分为硅藻土过滤机、双联过滤器、不锈钢多层板框过滤器、内压管式超滤器、碟式高速离心机等。

⑥脱气均质设备主要有离心式脱气机、真空脱气机、胶体磨、高压均质机等。

⑦浓缩工艺常用双效降膜式蒸发器、双效升膜式蒸发器、离心薄膜蒸发器、超浓缩果肉分离机、菜酱真空浓缩罐、盘管式真空浓缩锅、列管式真空浓缩锅、球形真空浓缩锅、三效工艺浓缩锅等。

⑧常用的杀菌设备有超高温瞬时杀菌机、水浴式杀菌机、微波杀菌器、连续杀菌机、巴式消毒机、立式杀菌锅、卧式杀菌锅、管式消毒器等。

⑨常用的灌装设备有无菌灌装机、自动定量灌装机、易拉罐灌装机、小型联合灌装机、塑料瓶灌装机、酱体灌装机、液体灌装机等。

⑩常用的封罐包装设备有自动封罐机、全自动易拉瓶封罐机、自动薄膜封口机、全自动液体包装机、真空包装机、真空封罐机、自动颗粒包装机、方体纸盒饮料包装机、全自动液体软包装机等。

4. 投资回报

(1)项目投资 以建立一个罐头、饮料年产量为3000吨的加工厂为例，机械及成套设备需130万元，一幢厂房800平方米若每平方米400元，需32万元，水、电路安装费1万元，各项固定资产投资共计163万元，流动资金需50万元，总体投资需213万元。

(2)利润测算 按年产罐头制品1500吨、出厂每吨7000元估算，年销售收入为1050万元，生产成本和利息等为690万元，年销售利润为360万元，上缴所得税120万元，企业税后利润为240万元。

5. 风险分析

大型果品加工厂的产品朝罐装食品和保健食品发展是必然趋势，生产投资虽然大，但经济效益高，产品市场定位应为出口与内销并行。国家对这类产品的质量要求十分严格，相对而言，比中小型加工厂的风险也大。创办此种类型加工企业，必须努力做好以下几点：

(1)衔接销售计划 要与出口商签订合同，掌握国际市场对产品需求的特点，按需生产，同时，多方面争取国内客户，确保商品流通顺畅。

(2)研发新产品 企业要有自主创新机制，配备科研技术力量，可与高等院校合作，在产品研发上，根据国内外市场需求，不断开发新品种。

(3)做好融资 积极扩大招商引资，对外合作，确保有雄厚资金实力，并合理运用，满足生产正常运转。

(4)优化产品质量 所有产品都必须通过国际食品安全

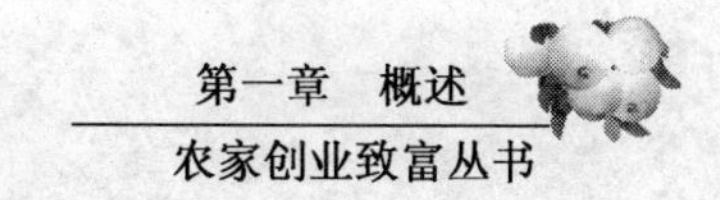

HACCP、ISO9000 和国内 QS 等系列认证，打造企业自有品牌，加大宣传力度，树立品牌地位，争取品牌效益。

(5)强化企业管理　引用溯源管理方法，健全企业各项管理规章制度，及时协调理顺生产与销售中的问题，保证企业生产正常运转。

第二章 果品保鲜贮藏技术

第一节 果品保鲜贮藏的原理

果品保鲜贮藏的基本原理就是采取科学、有效的措施，对影响果品保鲜的因素进行合理的调控，根据不同果品的生理特性，创造一个最适于生存的环境，有效地延长果品的保鲜期。

一、影响果品保鲜贮藏效果的采前因素

影响果品保鲜贮藏效果的采前因素有环境因素和栽培条件。环境因素包括温度、相对湿度、雨量、光照、土壤结构等。栽培条件包括品种、砧木、种植密度、施肥、灌溉、修剪、病虫害防治、化学药剂的喷施等。这些因素与果品的保鲜贮藏效果有着十分密切的关系，为做好采后果品的保鲜贮藏工作，就必须做好采前果品栽培、管理等工作，以获得优质耐贮藏的果品。

二、合理进行果品采后处理

果品采收后，虽然脱离了本体，失去了正常的水分和各种无机盐的供给，无法进行正常的光合作用合成有机质，但还在进行着一系列的生命活动。这时，果品只能利用自身的有机质进行呼吸，以维持其一系列生命活动，这样就要消耗自身的营养物质和水分，引起一系列的生理变化，使果品组织逐渐趋于衰老，最后变质腐烂。因此，了解和掌握果品采收后的生理变化规律，并

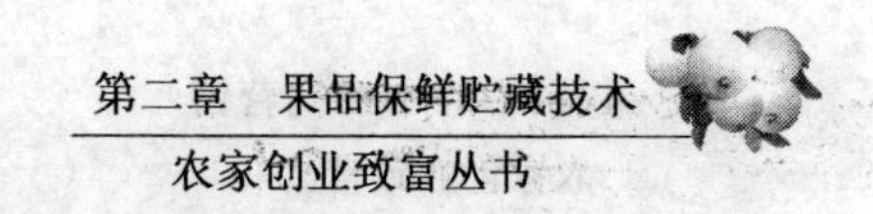

采取相应的调控方法，及时有效地进行调控，就能有效延长果品的保鲜期。

(1)控制营养变化　果品的化学成分及其含量决定着果品特有的色、香、味、质地和营养。这些化学成分的性质、含量及采后的变化与果品的保鲜贮藏的效果密切相关，必须及时加以控制。

(2)控制呼吸强度　果品成熟时，自身可以产生乙烯并向外释放，致使空气中的乙烯浓度加大，会反过来促进果品的呼吸代谢，加速后熟和衰老，缩短果品的贮藏时间。因此，必须有效控制果品的呼吸强度和呼吸量。另外，必须避免和减少乙烯的危害。最主要的方法是合理、认真选果，不能混藏，控制贮藏条件，抑制乙烯的生成。

(3)采后病害防治　果品采后腐烂多由病菌造成，严重影响保鲜贮藏，必须加强防治。其病害可分为两大类：一类是由非生物因素造成的非侵染性病害，称为生理病害；另一类是由真菌或细菌引起的侵染性病害，称为病理病害，对贮藏造成的危害较大。生理病害与病理病害在一定条件下可以互相影响、互相作用。

(4)控制衰老　温度、湿度与气体环境是果品保鲜贮藏的三大要素，要控制果品后熟、衰老和腐烂，延长其保鲜期，就必须采取化学、物理和生物三大类保鲜技术，使用不同类型的保鲜贮藏设施和设备，采取不同方式对果品进行贮藏。

第二节　果品保鲜贮藏的方法

一、低温保鲜贮藏

低温保鲜贮藏是应用历史最久、范围最广的一种保鲜方法，从传统的简易堆藏、沟藏、窖藏及通风贮藏库到现代的冷冻、冰藏及大中小型冷藏库等，都是应用了温度控制的原理和技术进行果品的保鲜贮藏。冷藏不受自然条件的限制，一年四季都可进行。传统的堆藏、沟藏和窖藏及通风库都采用自然低温，尽量保持所要求的贮藏温度，操作方便，并且都有一定的自然保鲜作用。低温保鲜贮藏设备简单，对于保鲜的果品能起到通风、除湿、降温的作用，应用广。

1. 简易贮藏

(1)堆藏 堆藏是将果品按一定形式堆积起来，然后根据气候变化情况，表面用土壤、席子、秸秆等覆盖，进行防寒、保温、保湿、防风、防雨贮藏的一种方法。按照地点不同，可分为室外堆藏、室内堆藏和地下堆藏，所用覆盖物可以因地制宜，就地取材。

堆藏应选在地势较高处。堆码方式一般是装筐堆码 4～5 层，装箱堆码 6～7 层，堆成长方形。堆垛时，要注意留出通气孔道，以利于通风降温和换气。堆藏的优点是不需要特殊设备，堆积方便。但由于堆藏受气温影响很大，一般只能用于应急贮藏和短期贮藏。

(2)沟藏 沟藏是将果品按一定层次埋藏在泥沙里，以达到充分利用土、沙的保温、保湿性能进行贮藏的一种方法。用于藏果的沟一般是临时挖造的，其大小、长短和深浅主要根据当地的地形、气候、贮藏要求和数量等来决定。沟挖好后，将果品按一定顺序摆放到沟中，随着外界气温的降低，用秸秆、塑料薄膜、土等覆盖，覆盖厚度以能防冻为宜，达到利用较稳定的土温和湿度为果品保温、保湿的目的，并积累一定量的二氧化碳以减少自然消耗和果品的呼吸强度。

沟藏构造简单，成本低，贮藏结束后将沟填平，不影响土地的有效利用。在晚秋至早春这段时间内，果品可以得到适宜而又稳定的低温贮藏条件，能适当进行防冻、保湿处理，比堆藏好，贮藏期也比堆藏长。但沟藏也存在许多问题，主要有贮藏初期和后期的高温不易控制，在整个贮藏期内不易检查贮藏产品，挖沟和管

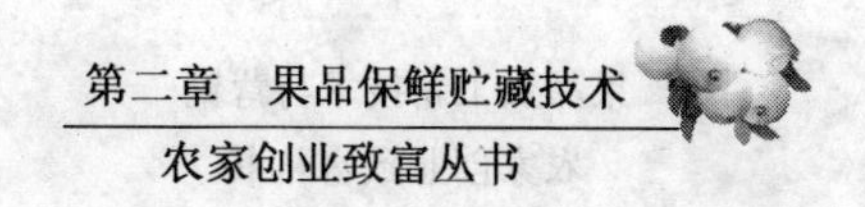

理需要较多的劳动力。

(3)窖藏 窖藏是用窖、窑来贮藏果品的一种方法。贮藏窖的种类很多,主要有棚窖、井窖和冰窖三种类型。这些窖多是根据当地的自然、地理条件特点建造的,它既能利用变化缓慢而相对稳定的土温,又可利用简单的通风设备来调节窖内的温度和湿度,果品可随时出、入窖,并能及时检查贮藏情况。因此,窖藏在各地应用广泛。

①棚窖贮藏。棚窖是我国北方地区常用于贮藏苹果、葡萄、大白菜等果蔬产品的一种临时性或半永久性贮藏设施。棚窖的形式和结构多种多样,棚窖结构如图 2-1 所示。

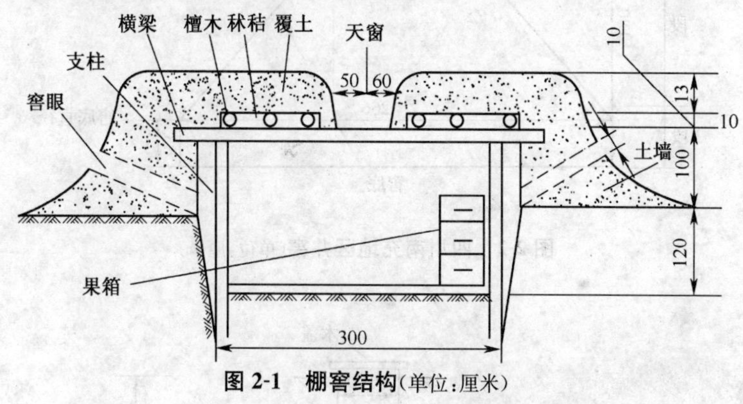

图 2-1 棚窖结构(单位:厘米)

棚窖一般选择地势高、干燥、地下水位低、空气畅通的地方构筑。窖的大小根据窖材的长短及贮藏量而定,一般宽为 2.5～3 米,长度不限。根据入土深浅可分为半地下式和地下式两种。在气候温暖或地下水位较低的地方,多采用半地下式。在比较寒冷的地区多采用地下式,即窖身全部在地下(一般入土深 2.5～3 米),仅窖口露出地面。窖内的温、湿度是通过通风换气来调节的,因此,建窖时需开设天窗、窖眼等通风设备。天窗开在窖顶,宽 0.5～0.6 米,呈长方形,距两端 1～1.5 米。窖眼在窖墙的基部及两端窖墙的上部,口径为 0.25 米×0.25 米,每隔 1.5 米开设一个。

②井窖贮藏。在地下水位低、土质黏重坚实的地方，可修筑井窖。井窖一次建成后，可连续使用数年。由于井窖修建在地面以下，温、湿度稳定，贮藏效果较好。四川南充地区井窖（见图 2-2）和山西井窖（见图 2-3）修筑形式和质量都较好，值得借鉴。

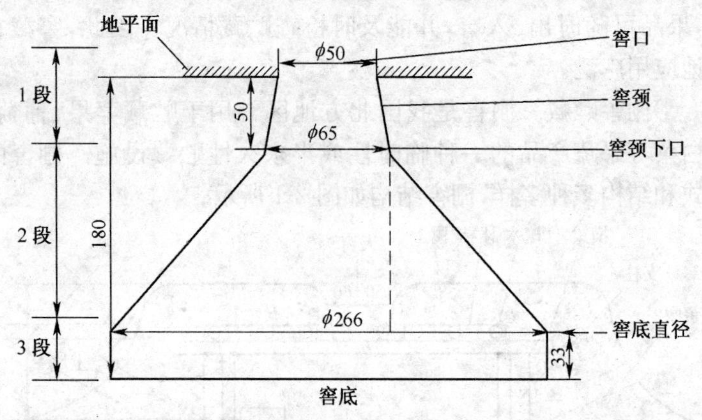

图 2-2　四川南充地区井窖（单位：厘米）

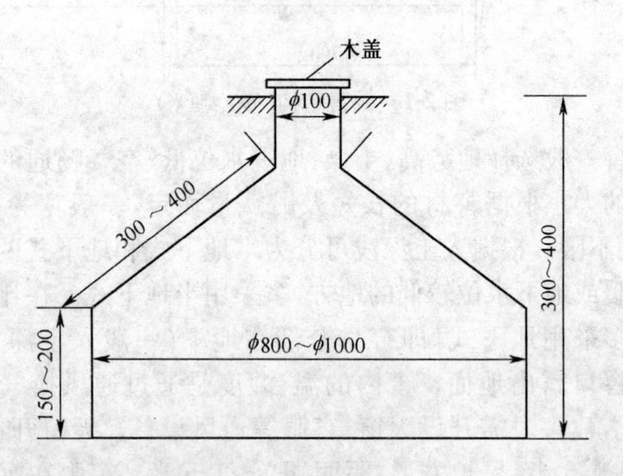

图 2-3　山西井窖（单位：厘米）

③冰窖贮藏。利用天然冰作为冷源贮藏果品是我国北方传统的贮藏方法之一。冰窖大多为地下式,窖底有排水沟可通到窖外的井内,以便排除冰块融化的水。严冬季节,取天然冰堆放在冰窖内封藏,贮至春夏季时,用作果品贮藏的冷源。

④土窑洞贮藏。土窑洞贮藏果品具有窑温较低而平稳、受外界影响小、相对湿度较高等特点。土窑洞结构简单,造价低,建筑速度快。其构造特点是土窑洞应选择坐北朝南、土质干燥、土层深厚、不易塌方的地方建造;窑门向北,以防阳光直射;窑顶上部土层厚度应达到4～5米,建洞时,应先挖主洞,主洞门宽1～1.4米,高3.2米,门口通道4～6米,门道由外向内修成坡形,可设2～3层门,以保持温度,最内层门的下边与窑底齐平。窑身一般长30～60米,高3～3.5米,宽1.5～3.5米,顶部呈圆拱形。靠窑身后部在窑顶修一内径为1～1.2米通风孔,再靠底部挖一气流缓冲坑。通风孔内径为下大上小,以利于排风。通风孔高(从窑顶部起)为窑身的三分之一。如通风孔难以加高,可考虑用机械排风。在离窑门和通气孔1～1.5米处开始,沿主洞两侧每隔5～6米可挖贮果室,贮果室门高1米,宽1.5米,顶高2米。60米长的主洞两侧可挖18～20个贮果室。每个贮果室贮果3吨,共可贮果60吨左右。

2. 通风库贮藏

通风库是在棚窖的基础上发展起来的一种利用库内通风的办法来调节库内温度,从而达到贮藏效果的一种贮藏方法。

(1)自然通风库　自然通风库是靠自然温度来调节和控制库温的设施,其基本特点与窖窑类似,设施比较简单,操作方便,贮藏量大。我国各地的通风库一般长为30～50米,宽为5～12米,高为3.5～4.5米,面积为250～400平方米。通风库有地下式、半地下式、地上式和改良式四种。如图2-4所示,改良式通风库,库身全部在地面上,墙用石头砌成,水泥地面,钢筋水泥屋顶。

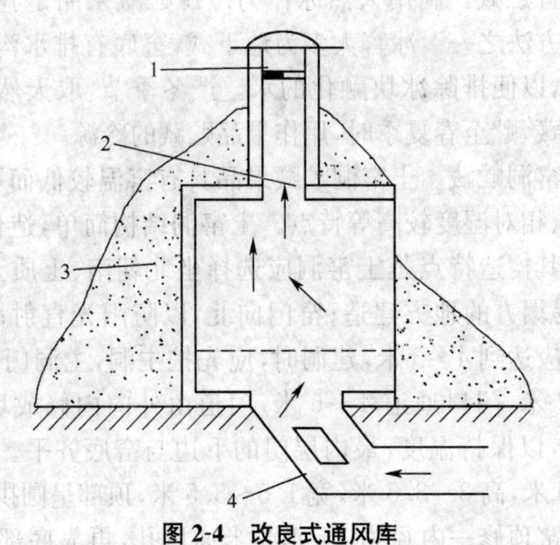

图 2-4 改良式通风库

1. 排气窗 2. 排风扇 3. 覆土 4. 进风道

(2)强制通风库 强制通风库是北京农林科学院的专利技术,即在通风贮藏库的基础上增加了强制通风设施。其特点是贮藏空间内加装了通风系统,通过强制通风,优化通风效果,有效地利用了外界温度变化,提高了贮藏效能。强制通风系统由风机、风道、风道出口、匀风空间、贮藏空间和出风口组成。风机和风道的大小依据贮藏场所的大小而定。

3. 机械冷藏

(1)机械冷藏库的类型 机械冷藏库目前主要有土建冷库和装备式冷库两种。

土建冷库的主体结构形式有:

①钢筋混凝土无横梁结构。该结构形式主要用于大中型冷库,因无横梁,库房内空间可充分利用,载荷能力大。

②钢筋混凝土梁板式结构。该结构多用于小型冷库。这种库施工方便,技术简单,但由于板顶有横梁或次横梁通过,库容量

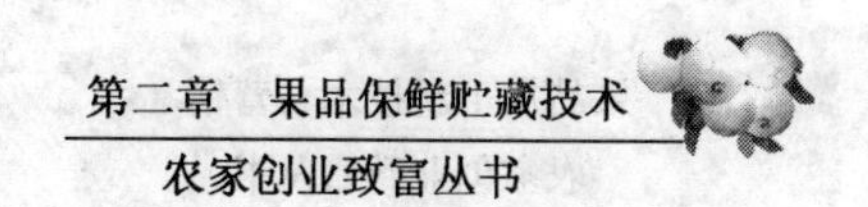

减小且影响库内空气流通。

装备式冷库是在墙及屋顶面采用金属夹心隔热板进行保温隔热。这种夹心板通常采用两块薄金属板，中间灌注聚氨酯泡沫塑料或聚苯乙烯泡沫塑料做成。其特点是建库速度快，施工周期短，一旦制冷系统停机后，库温回升快。

(2)机械冷藏库的制冷系统　制冷系统是冷藏库最重要的设备。机械冷藏库要维持适宜低温，全依靠制冷系统不停地工作，排除库内的热量。

库内热量的来源有果品入库时带入的热量、在贮藏期间产生的呼吸热、通过冷藏库的围护结构而传入的热量、产品贮藏期间库房内外通风换气而带入的热量，以及各种照明、电机、人工和操作设备而产生的热量等。制冷系统的制冷量要能满足冷库制冷要求，选择与冷负荷相匹配的制冷系统是机械冷藏库设计和建造的关键。制冷系统包括制冷剂与蒸发器、压缩机、冷凝器和必要的调节阀门、风扇、导管和仪表等部件。

(3)机械冷藏库的使用管理　在使用冷藏库之前，首先必须做好库内的清洁卫生工作，并喷洒药剂进行杀菌消毒处理后，方可将所要贮藏的果品移入。果品在移入之前必须经过预冷。预冷的方法一般有水冷、冰接触冷却和真空冷却三种。真空冷却是指在减压条件下，使果品的部分水分在低压下蒸发，使其因水分蒸发带走热量而自行降温。

经过预冷的果品还必须进行适当的包装，在库内按一定方式堆放。为使库内空气流通，便于降温和保证库温分布均匀，果品堆放时应离库墙 30 厘米以上，距库顶部 80 厘米以上，货箱之间也应留适当的空隙。

机械冷藏库管理的好坏，直接影响果品贮藏的质量和贮藏期。管理上特别要注意以下几个方面：

①温度管理。温度管理是冷藏管理的核心，温度管理关系到

所贮藏果品的质量。常见果品物理特性和推荐贮藏条件见表2-1。果品的成熟度也会对贮藏效果产生影响。因此，在贮藏之前，根据不同果品的特性，应先确定果品的贮藏温度。为了达到理想的贮藏效果，降低自然温度的不利影响，绝大多数果品在贮藏初期，降温速度越快越好，也就是果品入库后应尽快达到贮藏温度。但对于特殊果品应采取不同的降温方法，如鸭梨应采取逐步降温的方法，避免贮藏中冷害的发生。贮藏期间，应避免库内温度波动幅度太大，尽量地保持库房中温度的稳定。

表 2-1　常见果品物理特性和推荐贮藏条件

种类	温度/℃	相对湿度(%)	种类	温度/℃	相对湿度(%)
苹果	−1.0～4.0	90～95	荔枝	1.5	90～95
杏	−0.5～0	90～95	芒果	13.0	85～90
鳄梨	4.4～13.0	85～90	油桃	−0.5～0	90～95
香蕉(青)	13.0～14.0	90～95	甜橙	3～9	85～90
草莓	0	90～95	桃	−0.5～0	90～95
酸樱桃	0	90～95	梨:中国梨	0～3	90～95
甜樱桃	−1.0～−0.5	90～95	西洋梨	−1.5～−0.5	90～95
无花果	−0.5～0	85～90	柿	−1.0	90
葡萄柚	10.0～15.5	85～90	菠萝	7.0～13.0	85～90
葡萄	−1.0～−0.5	90～95	宽皮橘	4.0	90～95
猕猴桃	−0.5～0	90～95	山楂	0～2	90～95
柠檬	11.0～15.5	85～90	板栗	0～4	90～95
枇杷	0	90	核桃(干)	0～5	50～60

②湿度管理。贮藏果品的相对湿度要求在85%～95%。

③通风换气管理。果品入贮时，可适当缩短通风的间隔时间，如10～15天换气一次。一般在建立起符合要求、稳定的贮藏条件后，通风换气一个月进行一次。通风时，要求做到充分彻底，通风换气时间的选择要考虑外界环境的温度，理想的是在外界温度和贮温一致时进行，防止库房内外温度不同带入热量或过冷给

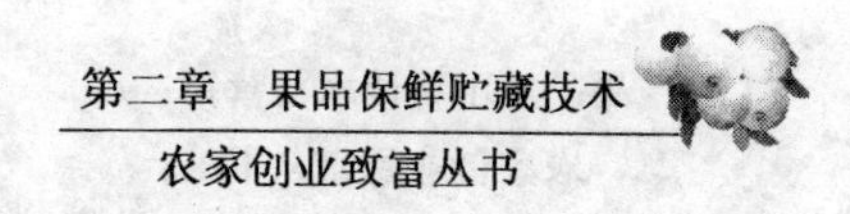

果品带来不利影响。通常在每天温度相对最低的晚上到凌晨这一段时间进行。

二、气调保鲜贮藏

气调保鲜贮藏就是把果品放在一个相对密闭的贮藏环境中，同时改变、调节贮藏环境中氧气、二氧化碳和氮气等气体成分比例，并把它们稳定在一定的浓度范围内的一种方法。气调保鲜贮藏是在保持低温的条件下进行的，又分为气调库和小规模气调保鲜袋两种。气调冷藏库除应具备普通冷藏库的特征外，还应具备较高的气密性能，以维持气调库所需的气体浓度。小规模气调保鲜袋是将塑料薄膜压制成袋，将果品装入袋内，扎紧袋口，即形成一个密闭的贮藏空间，再直接堆放在冷库或通风库内。

(1)气调保鲜贮藏种类　气调保鲜贮藏分为人工气调(简称CA)贮藏和自发气调(简称 MA)贮藏两大类。

人工贮藏是目前果品保鲜贮藏中效果最好的贮藏方式。它是在冷藏的基础上把果品放在特殊的密封库内，利用机械方式调控贮藏库内气体组成和温、湿度，来延缓果品衰老的一种贮藏方法。自发贮藏是依靠果品自身的呼吸作用和塑料的透气性能来调节贮藏环境中氧气和二氧化碳浓度，使之符合气调贮藏的要求。由于人工气调能使氧气和二氧化碳的比例控制精确，贮藏温度控制合理，故比自发贮藏效果好，是世界各国普遍采用的贮藏方法。

(2)气调保鲜贮藏库的使用管理　气调贮藏库的使用管理主要分为以下几点：

①库房管理。入库前，要全面检查库房的气密性、制冷和调气系统是否正常，发现异常及时进行修整，对库内进行全面的消毒处理。

②果品出入库管理。用于气调保鲜贮藏的果品必须品质优

良。采前加强管理，严格把握采收的成熟度，并注意采后果品处理技术的综合应用，如预冷、剔选、分级包装等。由于库内湿度大，最好用较硬的塑料周转箱或木箱放置果品。

果品入库贮藏时要尽可能做到按种类、品种、成熟度、产地、贮藏时间等不同进行分库贮藏，不要混贮，确保提供最适宜的气调条件。

果品入库后进行气调时，库内温度下降不能太快，防止瞬间造成较大负压，损坏库体，破坏其气密性。气调条件解除后，应保证果品在最短的时间内一次出清。

③库内环境条件管理。在果品入库后几周内，要随时注意库内温湿度、氧气与二氧化碳含量的变化，并保持这些指标在规定范围内。

④安全管理。气调库中的果品处于域值温度时，稍不注意就会出现冷害，必须严加控制。同时，这些果品对低氧、高二氧化碳等气体的耐受力是有限的，长时间处于这种环境下，也会受到伤害，所以，要注意预防二氧化碳中毒、缺氧与霉变等。要随时做好气体成分的调节和控制，并做好记录，防止意外情况的发生。另外，气调保鲜贮藏期间应坚持定期通过观察窗和取样孔对果品质量进行检查。

三、辐照保鲜贮藏

辐照保鲜贮藏是利用电离辐射产生的γ射线或电子射线对果品进行杀虫、杀菌、防毒等处理，从而达到保鲜目的的一种贮藏方法。它具有高效、安全可靠，无污染、无残留，可以保持水果原有的色、香、味等优点。新鲜果品应用相对低的辐射剂量，否则容易使果品变软并损失大量的营养成分。目前，辐照保鲜贮藏应用于果品保鲜的效果较为突出，如用辐照杀菌、冷藏保鲜技术对板栗加以处理时，可抑制板栗发芽，杀灭害虫、减少霉烂，贮藏期达

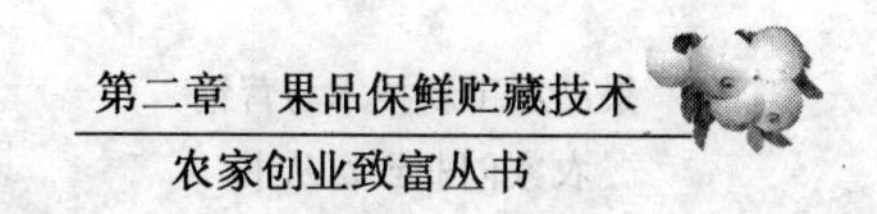

10个月以上，好果率达95%以上。

四、热处理保鲜贮藏

热处理保鲜贮藏是近年来发展起来的一种控制果品采后腐烂的新的贮藏方法。热处理的作用仅局限于果品表面或表皮以下的数层细胞，可杀死或钝化引起腐烂的多数病原菌，又由于热处理的时间短，往往只有几分钟，对水果各种生化指标的影响不大。热处理的关键是要控制好温度和时间。目前，苹果、番木瓜、芒果、柑橘、柠檬和桃等已广泛应用热处理保鲜贮藏。

五、加、减压保鲜贮藏

加压保鲜贮藏就是通过加压，使贮藏物外部大气压高于内部蒸汽压，形成一个足够的从外向内的正压差，从而阻止果品的水分和营养物质向外扩散，减缓呼吸速度和成熟速度，有效延长果品的贮藏期的贮藏方法。

减压保鲜贮藏与加压保鲜贮藏相反。减压保鲜贮藏又称为低压保鲜贮藏、负气压贮藏或真空贮藏，是在冷藏和气调贮藏的基础上进一步发展起来的一种特殊的气调贮藏方法。它是将果品置于密闭容器或密闭库内，用真空泵将容器或库内的部分空气抽出，使内部气压降到一定程度，以维持贮藏容器内压力的动态恒定和保持一定的湿度环境的贮藏方法。在低压条件下，可以抑制果品的呼吸作用，降低空气中氧气的含量，从而延长果品贮藏期。

六、臭氧保鲜贮藏

臭氧保鲜贮藏与热处理、辐照保鲜贮藏一样，都是近年来研究较多的水果保鲜贮藏方法。臭氧是一种强氧化剂，其氧化能力比氯强15倍，同时又是一种良好的消毒剂和杀菌剂，既可有效杀灭果品表面的微生物，又能抑制并延缓果品有机物的水解，同时可分解果品成熟过程中释放的乙烯，延长果品的贮藏期。臭氧对柑橘、柠檬、荔枝、银杏等保鲜和防腐效果均较好，且对果品的营养成分无影响，若结合包装、冷藏、气调等手段，则可进一步提高保鲜效果贮藏。

七、涂膜保鲜贮藏

涂膜保鲜贮藏是通过在果品表面人工涂一层薄膜，其作用一方面阻塞果品表面的气孔和皮孔，抑制气体的交换，减少水分的蒸发，改善果品外观品质；另一方面充当防腐抑菌剂的载体，避免微生物的繁衍，从而达到延长果品贮藏期的贮藏方法。此外，涂膜对减轻果品表皮的机械损伤也有一定的保护作用。涂膜保鲜贮藏方法简便，成本低廉，材料易得。目前，广泛应用于果品保鲜的涂膜材料有糖类、蛋白质、多糖类蔗糖酯、聚乙烯醇，以及多糖、蛋白质和脂类组成的复合膜。利用单宁、壳聚糖或蜂蜜、蜂胶、蜂蜡等一些化合物配制成的果品涂膜保鲜剂，应用较广。

第三节　果品贮藏保鲜实例

一、柑橘类保鲜贮藏

1. 贮藏特性

柑橘类果品品种繁多，一般都比较耐贮藏。但不同种类、不同品种的果皮结构和生理特性不同，其耐贮能力差异也较大。一般来说，柠檬类最耐贮藏，其次是甜橙类，再次是柑类，橘类耐贮性较差，尤其是四川红橘。按品种不同果品的耐贮性通常是晚熟品种＞中熟品种＞早熟品种；有核品种＞无核品种。同一品种的果品，由于栽培技术、气候条件不同，其耐贮性和抗病性也不同。

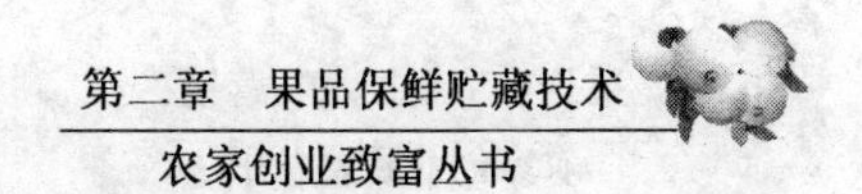

柑橘类果品通常产于热带、亚热带高湿、多雨地区，喜欢温暖湿润的气候条件，因此，柑橘类贮藏的温度不能太低，低温易引起冷害。但是，呼吸作用随温度的提高而增强，为了抑制呼吸作用，延长贮藏寿命，又需要相应的低温贮藏。多年的实践经验表明，几种柑橘类果品的贮藏条件和贮期见表 2-2(供参考)。

表 2-2　几种柑橘类果品的贮藏条件和贮期

品种	贮温/℃	相对湿度/%	气体条件	贮期/月
柠檬	12～14	85～90		4～6
葡萄柚	0～10	85～90		1～2
甜橙	3～5	90～95	O_2≥19%，CO_2≤3%	3～5
红橘	10～12	80～85	O_2≥19%，CO_2≤3%	2～3
蕉柑	7～9	85～90	O_2：18%～20%，CO_2：0～1%	3～5
柑	9～12	85～90	O_2≥18%～20%，CO_2≤0～1%	3～5
南丰蜜橘	5～10	85～90		2～3
温州蜜橘	3～5	80～85		3～5
伏令夏橙	3～8	85～90		2～4

柑橘类果品对二氧化碳敏感，当二氧化碳含量增高时，会引起果蒂干枯，贮藏环境中的乙烯、乙醇含量提高，会促进果品后熟，所以，柑橘贮藏过程中需做好通风换气工作。

2. 贮藏工艺

(1)适时采收　柑橘果品采收过早或过迟都不利于贮藏。作为贮藏用的柑橘果品，一般要求在果实充分生长、积累了足够的糖分且含糖量不再大幅度增加、酸味未见下降且皮色转黄时采收。因为柑橘类果品没有后熟过程，一旦采收，其内在品质和营养成分一般不再提高。为保证果品质量，一定要达到所要求的成熟度才能采收。我国甜橙的固酸比以 10∶1～12∶1 为成熟标准，柑和橘以 7.5∶1 为成熟标准。也可根据果皮颜色来确定成熟度，用于贮藏的果品，一般以果皮部分有 2/3 转黄、油胞充实，但果肉尚坚实而未变软时采收。

最好在早晨凉爽时采收，避免在晴天烈日下采收，此时果温高，呼吸作用旺盛，消耗增加。雨后早晨露水未干、雾未散尽时不宜采收，大风大雨后应隔两天采收。

采收时，不要直接用手拉断果柄，而要用果剪，一般采用一果两剪方法采摘，第一剪离果蒂 1 厘米处剪下果实，第二剪齐果蒂剪平。要避免果柄过长或过短，过长会伤及其他果品，过短会伤及果实。装果容器内应衬柔软的麻袋片、棕片或厚的塑料薄膜等，以防擦伤果皮。采摘时还可以采用安全采果袋，袋底是活动的，可使果品由袋底慢慢漏入果筐内，可减少果品的碰伤。采果时，还可以采用树上分级、树下包装的方式也就是先让部分人员采摘树上一级果，另外一部分人员采收二级果，其他果另行处理。这种采收方法可减轻采果、分级、包装造成机械损伤和其他损伤。总之，在采收过程中，要认真做到轻采、轻放、轻装、轻卸，为贮运打好基础。同时，随采随将病果、虫果、机械伤果、脱蒂果和等外次果剔除掉。

(2)贮前处理　柑橘采收后，应进行防腐保鲜、预贮和单果包装等处理。

①防腐处理。采后的柑橘多带菌、病，需进行防腐处理。目前常用的杀菌防腐剂有多菌灵、托布津、特克多、苯来特和仲丁胺等。生产上常用杀菌剂与 2.4-D 混合液处理果品（采后 3 天内），效果更佳。

②预贮。刚采收的果品，由于带有一定热量且呼吸作用旺盛而使果温升高，如立即入库贮藏就会使库温很快升高，还会因湿度过大影响贮藏效果。预贮能使果品散热降温，蒸发部分水分，达到愈合伤口的作用。所以，贮藏前的果品必须进行预贮。预贮的方法是将经过防腐处理的柑橘摊放在经过消毒处理，且铺有 2～3 厘米厚的洁净稻草的地面上，可摊放 4～6 层，也可将果品放在果箱或果筐内，呈“品”字形堆码，让其自然通风，散热去水。也

可在预贮场所安装机械冷却器和通风装置，以加速降温、降湿，缩短预贮时间，提高预贮效果。最理想的预贮条件是库房温度要低于库外温度(控制 7℃最适宜)，空气相对湿度为 75%～80%。柑橘预贮 2～5 天(宽皮橘类要 7～10 天)，失水 3%～5%，用手轻压果品，感觉果皮已软化但仍有弹性即已达到预贮的目的，可以出库贮藏。雨天采收的饱水果，预贮时间相应延长。

③分级。首先剔除病虫伤果、畸形果、脱蒂果、青皮果和过熟果，然后按不同品种，根据果品色泽、形状、成熟度、果面等分成若干等级，最后按果径大小分级。通常，内销柑橘按规定进行大小粗略分级。而出口柑橘应先按规格要求进行人工挑选分等，再用分级机或分级板按果品横径分级。分级时，必须按照中华人民共和国商业部发布试行的 GB014—83 标准和全国粮油食品进出口总公司制订的出口柑橘标准征求意见稿的分级标准，逐条履行，严格把关。

④包装。包装分为内包装和外包装。内包装目前一般都采用小袋单果包装，因为小袋单果包装有减少水分蒸发、保持果品新鲜和防止病害侵袭等优点。具体做法是将厚度为 0.015～0.02 毫米的聚乙烯塑料薄膜制成小袋，小袋的规格为 18 厘米×13 厘米，将单个果品装入袋内，扭紧袋口即可。国外一些柑橘主产国已将这种方法改进为塑料包封，就是将单个柑橘装入热缩性塑料薄膜袋中(一般是厚 0.02～0.04 毫米聚乙烯薄膜)，在 150℃～170℃高温下，对热缩性塑料薄膜进行瞬间加热，冷却收缩使其紧密地包裹在果皮上。整个工序现在已有专门的机械完成。这种办法除具有单果包装的优点外，还具有工作效率高、外观漂亮、便于印刷图案和商标等特点。

外包装目前一般采用竹篓、木箱或瓦楞纸箱包装。外包装应符合牢固、经济、实用、美观的原则。包装容器的形状、大小规格和装潢图案色彩必须根据柑橘的种类、品种、市场需求、贮运条件和流通环节等因素综合考虑，实行统一规格，定量包装。

(3)贮藏方式 经贮前处理的柑橘应立即进行贮藏。目前较适用的贮藏方式有以下几种：

①地窖贮藏。四川南充地区用地窖贮藏柑橘类果品历史悠久，实践证明，这种贮藏方式具有成本低、效果好、建窖方便等特点，适用于农村分散贮藏。

贮藏的主要方法是选择地下水位低、排水良好、地势高、土质坚实的地方挖窖，室内外均可，但室外要选择便于遮阳的地方。地窖上口小、下口大，形如吊钟，深约 2 米。室外建窖时，窖口应筑窖肩，以免雨水流入，还应备相应大小的石板作为窖口的盖板。

入贮前 30 天，要适当给窖内灌水，使窖内相对湿度达到 90%～95%。入贮前 15 天，用乐果浓度为 200 倍液喷洒灭虫，密封 1 周后敞开通风。入贮前 2～3 天，再用托布津浓度为 800 倍液或其他药剂对窖内消毒。入窖时，先在窖底铺上一层稻草，然后把果蒂朝上，脐向下整齐地沿窖壁周围摆放，一般放 3～5 层，摆放的方法是每层果品要插空错开摆放。摆果时，除在窖的中央留出直径 40～60 厘米的空地外，还应在周围任意处留一宽约 60 厘米的出口，以便检查和翻倒果品用。

一般每窖可贮藏柑橘 4000～5000 千克。入窖后，窖口应敞开散热降湿，时间 2～3 天。待果品表面水珠消失、窖温与外界温度大体相当并稳定时，即可严封窖口，以后 7～10 天进行一次通风换气，以防止二氧化碳积聚给果品造成伤害。窖内温度维持 12℃～18℃，相对湿度为 85%～90%。每次下窖前，应进行点火试验，把点燃的火放入窖口内，如火很快熄灭，则不能立即进窖，须先排出二氧化碳，送入新鲜空气，以免窖内二氧化碳浓度过高造成人员中毒。

②防空洞贮藏。因备战需要，全国各地都挖了很多防空洞，可以利用其来贮藏柑橘。据测定，一般防空洞内 4～8 月份的温

度为16℃～22℃，相对湿度为90%以上，适宜贮藏3、4月份采收的伏令夏橙等。将采收的夏橙经选果后用0.02%浓度的2.4-D和0.05%浓度的甲基托布津混合液浸果，晾干后用塑料薄膜单果包装，堆码于防空洞内，定期检查，贮藏期可达4个月，好果率在90%以上。

③通风库贮藏。将采后经挑选、防腐、预贮的柑橘装箱(筐)，每箱(筐)10～15千克，置入库内呈"品"字形堆码，高8～12箱，每垛160～200箱。也可在库内安装木架、竹架或铁架进行架贮，每层一箱，架宽以适宜两人相对操作为宜。不论是堆码或架贮，都要留有一定的空间，垛与垛之间、垛与墙之间要有一定距离，以便通风和人员检查。垛顶面距库顶天花板1米以上，以利于空气循环。

入库前半个月，库房需用硫黄熏蒸消毒，搞好库内卫生。果品入库后半个月内，应昼夜打开门窗和排气扇，加强通风、降温排湿，使库内温度保持4℃～12℃，空气相对湿度为85%～90%。12月至次年2月上旬，气温较低，库内温、湿度比较稳定，应注意保暖，防止果品遭受冷害。当库内湿度过高时，应通风排湿或用消石灰吸潮。当外界气温低于0℃时，一般不通风。开春后气温回升，白天关闭门窗，夜间开窗通风，保持库温稳定。若库内湿度不足，可以洒水补湿。进库初期(11月至12月中旬)，每10天入库检查一次，中期(12月中旬至翌年2月中旬)20～30天入库检查一次，后期(2月中旬以后)要增加检查次数。管理的好，贮藏期可达3～4个月。

④冷库贮藏。冷库贮藏时，可根据需要控制库内的温度和湿度，不受地区和季节的限制，是保持柑橘商品质量、提高贮藏效果的理想贮藏方式。冷库贮藏的温度因柑橘种类而异。甜橙为4℃～5℃，温州蜜柑等宽皮柑橘类为3℃～4℃，g柑为7℃～9℃，红橘为10℃～12℃。库内湿度不可过高或过低，一般保持

85%～90%。冷藏库要注意通风换气，排除过多的二氧化碳、乙烯等有害气体。换气一般在气温较低的早晨进行。为使库内的温度迅速降低至所需要的温度，进库的果品要经过预冷散热处理。冷库的蒸发器要注意经常除霜，以免影响制冷效果。甜橙采后在40℃～45℃时，预处理4～6小时再进行冷藏，能大大减少贮藏中褐斑病的发生。

⑤简易气调贮藏。塑料薄膜袋藏法：选七八成熟、有果柄、无病虫害和机械伤的果品，装入袋内（每袋约5千克），开始暂不封闭袋口，逐渐缩小袋口，1个月后将袋口封死，以后每隔半个月检查一次，并及时剔除霉烂果。使用这种贮藏方法贮藏期可达4个月以上，好果率在95%以上。

塑料薄膜大帐贮藏法：当果品转色70%以上、固酸比为10∶1时采收，经挑选后用橘腐净100倍液浸果1分钟，晾干后装入果箱，先堆放在通风室内发汗2天，然后贮藏于室内，温度控制在18℃～19℃，相对湿度控制在85%左右，采用0.14毫米厚的聚乙烯塑料薄膜，制成1米×0.8米×2米的长方形大帐，帐内可套20个果箱，共约250千克，密封帐底。这种贮藏法效果好，贮藏期可达90天以上，好果率为95%，果品饱满多汁，果蒂绿色，果皮鲜艳光亮。

硅窗袋贮藏法：锦橙袋藏适合动态气调贮藏，即前期将袋内二氧化碳浓度控制在3%～7%，中后期将浓度控制在1.5%～2.3%的气调贮藏方法。首先要适时、无伤采收，用于硅窗袋藏的锦橙，在11月中旬果面出现“绿豆黄色”时采收（青果不能采收），采收当天用0.025%浓度的2.4-D加2000倍液的多菌灵洗果，晾干后及时入袋，每袋装入6千克。入袋15～20天后，在袋上开一个12平方厘米的辅助硅窗。11月份要尽可能降低库温，保持冷凉，冬至后库温不得长久低于2℃。贮藏初期如发现腐果袋（一般占1%～3%），要立即终止该袋果品的贮藏。通风库内温度保持

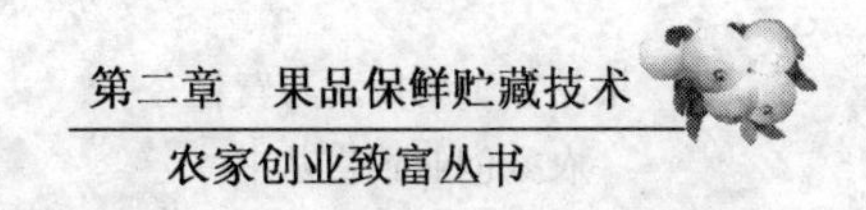

在6℃～16℃，相对湿度为85%～92%。

锦橙贮藏3个月后，失重率为1.17%，青蒂果高达87%左右。腐果率为1%以下，果品外观鲜艳。该方法在贮藏期间不需逐个检查，能很大程度降低劳动成本。

福州市对雪柑采用硅窗塑料薄膜袋气调贮藏，袋子规格为10厘米×10厘米或20厘米×20厘米，贮藏温度控制在18℃左右，袋内二氧化碳和氧气的适宜浓度分别为2%～4%和12%～14%，贮藏期为120～150天，好果率达90%以上。

二、荔枝保鲜贮藏

荔枝树是南亚热带常绿果树，原产我国华南地区，其果品是久负盛名的美味佳品。但因它成熟于盛夏高温季节，果品结构特殊，采后易腐烂变质，贮藏难度较大。

1. 贮藏特性

荔枝是非呼吸高峰型水果，但呼吸强度高，比苹果、梨、柑橘、香蕉等高出2～3倍，其自身的生理活动和呼吸代谢旺盛，果皮易失水变褐、破裂而失去保护作用，导致果品腐烂。所以，荔枝素有"一日色变，二日香变，三日味变"之说。

不同品种的荔枝对贮藏条件的适应性和自身的耐贮性也不相同，一般晚熟品种比早熟和中熟品种耐贮藏。槐枝、黑叶、桂味、白蜡子及尚书槐等荔枝品种较耐贮藏，一般在适宜温度下贮藏30天后，其色、香、味基本不变，而三月红和糯米糍则仅能贮藏15～25天。三月红属于早熟品种，最不耐贮藏。

2. 贮藏工艺

(1)贮前病害处理　荔枝的贮藏病害主要有霜疫霉病、酸腐病和炭疽病，其中，以霜疫霉病危害最大，其症状是受害果多果蒂处出现褐色不规则病斑，潮湿时长出白色霉层，低温贮藏前期症状不明显，后期病斑扩散极为迅速，常致全果变褐，果肉腐烂，有酸腐味并流出褐色汁液。酸腐病症状与霜疫霉病症状基本相似，其防治方法主要有：

①做好田间管理。及时清除树上和地面的病果、烂果和枯枝落叶，集中烧毁，减少病源。定期喷药防治。冬季喷30%氧氯化铜600倍液；花蕾期、幼果期和果品成熟期喷90%乙膦铝400～500倍液或58%瑞毒霉锰锌和64%杀毒矾600倍液。

②采后杀菌处理。采后用于贮藏的荔枝，应立即进行杀菌处理，杀死果品表面的病原菌。用于荔枝采后处理的杀菌剂主要有含硫药剂、施保克、特克多、乙膦铝、苯来特、扑海因等。

(2)适时采收 荔枝的采收期因品种而异，一般可从5月初持续到8月中旬，同时，还要根据市场需要和各品种的成熟度来确定。果品的成熟度是依据果品的表面色泽、内果皮的颜色以及其含糖量而定，一般以八成熟采摘为宜。这时，其果皮基本转红，龟裂纹嫩绿或稍带黄绿色，内果皮仍为白色。成熟度过高时耐贮性降低。

采摘时间以晴天的早、晚或阴天为宜，可减少果品田间热，加快预冷和入库后的降温速度，最好不要在雨后采摘，否则会增加果品腐烂程度。采摘荔枝时可带少量穗枝，切勿损伤果蒂，尽量减少机械伤。

(3)采后处理

①预冷。采下的荔枝要进行修枝选果，去掉病虫害果、裂果和伤果，并尽快预冷，降低田间热。预冷的方式有水冷和风冷两种。

水冷是在水中加入冰块，使水温在5℃左右，将果品放在冰水中浸泡10～15分钟。

风冷是将荔枝装入塑料箱内，在2℃～5℃冷库中预冷5～10小时，以降低果品温度。

②防腐处理。目前用于荔枝的防腐杀菌处理方法主要有：使

用中国科学院植物所研制的LS保鲜剂1000微升/升或北京营养所研制的GS生物药剂100微升/升喷果或浸果3～5分钟；或使用乙膦铝1000微升/升加特克多1000微升/升，在10℃冰水中浸果10分钟；或使用德国产的施保克1000～2000倍冰水溶液（<10℃），浸果0.5分钟；或使用美国生产的特克多300～450倍溶液浸果1分钟；或使用法国产的扑海因250倍液浸果1分钟，捞取晾干后，再用保鲜膜包装低温冷藏；或使用苯来特50℃～52℃热水浸果2分钟，可有效防止荔枝贮藏病害的发生；或使用固体保鲜剂（活性炭∶氯酸钠∶硫酸亚铁∶氧化锌＝6∶2∶1∶1），制成2～3厘米大小的颗粒，与荔枝放置在一起，置入量占荔枝的2%～4%，可杀菌及分解吸收贮藏期间荔枝放出的有害气体。

③防褐变处理。荔枝的防褐变处理方法主要有使用浓度为2%的中国科学院植物所研制的荔枝护色剂LS-1，浸果5分钟；或使用2%亚硫酸钠加1%柠檬酸加2%氯化钠溶液浸果2分钟；或使用N-二甲胺琥珀酸（比久）100～1000微升/升溶液浸果10分钟；或使用二氧化硫熏蒸后再用稀盐酸溶液浸果2分钟；或使用二氧化硫熏蒸后，再用10%柠檬酸加2%氯化钠溶液浸果2分钟，都能较好地保持果品颜色。

(4)贮运、贮藏方式

①荔枝贮运保鲜适宜的环境条件。荔枝贮运保鲜适宜的温度为1℃～5℃，相对湿度为85%～95%。气调贮藏时适宜的气体环境为氧5%、二氧化碳3%～5%，气体伤害域值是CO_2>8%。

②贮运方式及管理。在常温下贮运荔枝只能保鲜1周。其贮运程序是采收后装袋或装筐→初步分选→去果梗或扎成果束，经分选装入塑料箱→防腐保鲜剂处理→晾干→包装→贮运→销售。

冷链贮运是目前最有效的荔枝保鲜贮运方法，因品种而异，一般可保鲜 25～45 天。荔枝采后冷链保鲜处理程序是：采收放进采果袋或筐→初步分选装入塑料周转箱→约 5℃药液浸果 5～10 分钟→冷藏车或加冰保温车运至冷库→0℃～4℃冷库中去果梗或扎果束分选包装→1℃～4℃下贮运→冷库批发→冷柜零售→消费者冰箱存放。

荔枝采收后极易发生褐变和腐烂，从采收、预冷、防腐保鲜处理、包装到冷藏，最好在 5～6 小时内完成。运输可用冷藏集装箱或机械冷藏车，若距离短，也可采用在泡沫箱包装中加冰（约占果重 1/3），再用密封车运输。

③贮藏方式。速冻贮藏是将荔枝在－23℃速冻，然后用薄膜袋包装后置于－18℃冷藏，可保存 1 年以上。但荔枝解冻后，果皮很快褐变，裂果率增加。为降低裂果率，可将果品先预冷至 0℃，薄膜袋包装后再进行速冻。控制果皮褐变的常用方法有杀酶喷酸保色法、热烫处理法、化学处理法。

杀酶喷酸保色法：荔枝先用 100℃水蒸气处理 20 秒，再喷洒 30％柠檬酸溶液二次，在－23℃下速冻，然后用聚乙烯薄膜包装，在－18℃下长期保存。

热烫处理法：将荔枝放入 100℃沸水中烫 7 秒后，捞出立即投入温度为 3℃～5℃的水中停留 40～50 秒，果品冷却后再浸入 5％～10％的柠檬酸＋2％的食盐混合液中，静置 2 分钟，然后在温度－23℃下速冻，冻结后用聚乙烯薄膜包装，在－18℃下冷存。

化学处理法：荔枝经 10％柠檬酸＋2％氯化钠＋2％亚硫酸氢钠混合液处理后，送入－23℃冷库速冻，用薄膜包装，在－18℃下冷藏；也可用 F4-LC 荔枝保鲜液浸果 10 分钟，使果皮褪红变黄绿，风干变红后在－23℃冻结，包装后在－18℃下冷藏，解冻后果皮可保持红色 4～5 天。

塑料袋简易气调贮藏。荔枝属于无呼吸高峰型果品，高二氧化碳和低氧环境可以调节贮藏中荔枝的呼吸强度。用聚乙烯薄

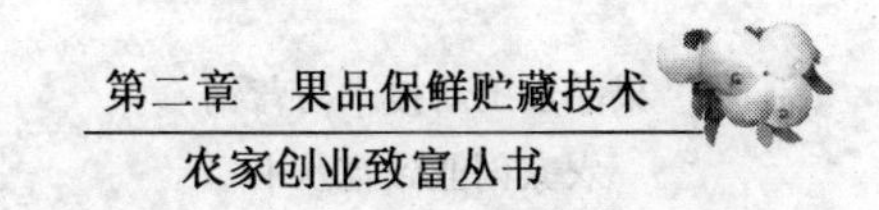

膜袋加上纸箱包装荔枝，对荔枝能起到一定的气调效应，有利于保持荔枝的湿度。以每箱装 5 千克为宜，装好后置于温度为 2℃～4℃、相对湿度为 85%～90%的环境里贮藏，贮期可达 20～30 天。七八成熟的荔枝用 0.01 毫米厚的聚乙烯薄膜袋包装，在 5℃以下可贮藏 45 天。

三、龙眼保鲜贮藏

龙眼也称桂圆，为无患子科热带、亚热带水果，主要产在我国广东、广西、福建及四川等地。龙眼果实成熟期在八九月份，采后代谢旺盛，鲜果易变质，不耐贮藏。

1. 贮藏特性

龙眼有 300 多个品种，耐贮性各不相同。福眼、石硖、东壁、紫螺、扁匣棒、油潭本、冰糖肉等品种耐贮性较好；水涨、普明庵耐贮性差。我们必须根据不同品种的耐贮特性采用相应的贮藏方法 。

2. 贮藏工艺

(1)适时采收　采收成熟度和采收时间与贮藏密切相关。用作贮藏保鲜的龙眼一般在八九成熟时采收，因为采收过早，果实尚未充分发育，个小，有生青味，品质差；采收过迟，则甘味减淡，品质下降，耐贮性也明显下降。采收时间应选择晴天早晨进行。采收方法是在果穗基部 3～6 厘米处、带 1～2 枝复叶用果剪剪下，剪口要平整，轻放于果篓中，置于阴凉处。供贮藏的龙眼一定要整穗，目的是让果穗的枝条在贮藏期继续供给果实水分和养分，以提高耐贮性。采收后的龙眼要及时进行采后处理。

(2)采后处理

①选果分级。用于贮藏的龙眼品质好坏，直接影响贮藏效果。采收后的龙眼要严格把关，剔除病虫果、机械损伤果，剪去果穗上多余的叶片和过长穗梗，使果穗整齐，根据龙眼的外观、大

小、重量、品种进行分级，使每批果的品种、成熟度、形状大小基本一致。选果分级必须在通风凉爽的地方进行，有条件的可在低温冷库或空调房内进行。

②防腐处理。用300～400倍特克多(3℃～6℃冰水稀释)，或用250倍扑海因浸果1分钟，也可用0.1%特克多和扑海因混合后，加入0.02%GA_3浸果1分钟，然后捞出晾干，用透气性包装膜包装后，装进加冰块的聚苯乙烯泡沫箱内，箱外用聚烃烯树脂特种复合包装袋包装，便于贮运。每千克龙眼用0.15毫升仲丁胺熏蒸或30倍仲丁胺药液浸果处理，能有效防止果品腐烂。

③预冷。采后的龙眼带有大量的田间热，如不迅速预冷而直接入库，易造成腐烂，不利于贮藏。龙眼预冷自然降温、冷水冷却、强制通风冷却和冷库预冷等方法。

自然降温：将采收的龙眼放在阴凉通风的地方，散去果品所带的田间热；使用此方法时，一定要注意果箱要散开排列，中间留有通道，果箱内的果品不要装得太满，留足空隙，以便通风降温。

冷水冷却：利用冷水或冰水冲淋果品或浸果，使其尽快降温；为缩短果品入库前的预冷时间，可在药液进行防腐处理时，以冰水配药，使预冷和防腐同时进行。

强制通风冷却：在包装箱或堆垛的两个侧面制造空气压差进行冷却，当压差不同的空气经过货堆包装箱时，将果品散发的热量带走，配上机械制冷或加大气流量，效果更佳。

冷库预冷：冷库温度以贮温为宜，配以鼓风冷却系统，加快降温速度；果品堆码及果箱之间都应留有较大空隙，保证空气流通，通常将果温降至8℃～10℃时即可将果品堆垛贮藏。

(3)贮藏方式 目前，国内常用的龙眼保鲜方式有以下几种：

①烫皮保鲜贮藏。烫皮保鲜主要是用开水烫果，即将带穗的龙眼置于沸开水中烫30～40秒，以不烫伤果肉为宜，热烫后立即取出，挂在通风处自然晾干，这样就可对果品起到消毒灭菌的作

用，果壳逐渐干硬，果肉仍保持新鲜状态。烫后由于水分蒸发，果肉甜度更高，这样处理后的龙眼放在通风处可贮藏 20 多天。烫皮处理的关键是掌握好热烫的时间和温度，热烫时间短了没效果，长了易对果品造成伤害。烫后果品失水加快，果皮褐变加重。

②常温保鲜贮藏。常温保鲜贮藏主要是通过防腐剂的防腐护色作用来达到防腐保鲜的目的。常用的化学防腐剂有特克多、抑霉唑、仲丁胺、多菌灵、苯莱特、甲基托布津、乙膦铝、扑海因、苯甲酸钠等。经处理后的果品用塑料薄膜包装贮藏。也有人采用魔芋涂膜、中草药提取液处理后常温贮藏。以上这些方法处理的果品贮藏保鲜时间仅为 5～10 天，无法适应大批量贮藏保鲜的需要。

③低温保鲜贮藏。龙眼适宜低温贮藏，温度为 1℃～5℃为最佳贮藏温度，但不同品种的龙眼贮藏温度也不同，有的品种要求 6℃～7℃的贮藏温度，但最高不能高于 8℃，最低不能低于 0℃，否则收不到预期效果。低温贮藏时间可达 30 天左右。

低温结合药剂防腐处理，再用塑料薄膜袋包装后进行贮藏效果最佳，贮藏时间可达 30 天以上。目前采用的办法有使用仲丁胺熏果或浸果或用 HSJ 系列护色剂、F1SB 系列防腐保鲜剂、绿色系列保鲜剂洗果再进行熏硫处理后，在低温条件下贮藏。目前以熏硫处理的效果最好，其贮藏期最长。具体办法是用浓度为 1％～2％的二氧化硫熏蒸龙眼 20 分钟，熏蒸后即装入冷藏车，果品温度从 35℃左右迅速降至 25℃～28℃，再转到冷库，在 3℃～5℃中贮藏。

④气调保鲜贮藏。把采收下的龙眼经预冷和防腐处理后，用 0.04 毫米厚的薄膜袋包装，然后进行抽气充氮处理，再配以适当低温，保鲜贮藏效果很好。龙眼贮藏的温度为 0℃～5℃，相对湿度为 85％～95％，二氧化碳浓度为 4％～6％，氧气浓度为 6％～8％为好，可贮藏 30～40 天。目前，这种方法应用于龙眼的保鲜

贮藏还处于试用阶段。

⑤简易保鲜气调贮藏。将塑料袋在泡沫箱内摆平,再将装有冰块的小塑料袋放入泡沫箱中,然后将经预冷和药物防腐处理的龙眼装入泡沫箱中,放足数量后将袋口扎紧,盖上泡沫箱盖封好,准备贮运。这种方法适用于中长距离汽车贮运。

四、猕猴桃保鲜贮藏

猕猴桃被誉为"果中珍品",深受广大消费者的欢迎。

1. 贮藏特性

不同品种的猕猴桃耐贮性也不同。耐贮性好的品种有海沃德、秦美、沁香、华美 2 号、徐香、秦翠以及我国选育的中华 61-36、硬毛 57-26、华克 10 号、通山 5 号等。不耐贮藏的有魁密、软枣猕猴桃等。

猕猴桃保鲜贮藏的适宜条件为低温(0℃±0.5℃)、高湿(RH≥95%)、无乙烯和"3 保 2 制",即保水、保硬、保风味;控制呼吸、控制腐烂。

2. 贮藏工艺

(1)适时采收 用于贮藏的猕猴桃果品一般在 9 月上旬至 10 月上中旬采收。采收成熟度的标准是果品充分长大而未软化,糖度增加,可溶性固形物含量达 6.5%~7.5%,种子由黄转褐。中华猕猴桃的生长期在 140~150 天,美味猕猴桃则需要 170 天才能成熟。采收时,手握果实轻轻旋转,果实就会与果柄分离,轻放于箱、篓、框等容器中。用于装猕猴桃的箱、篓、框底部应预先垫上柔软材料,以减少损伤。采下的猕猴桃必须进行预冷、分级包装后再进行贮藏。

(2)贮藏方式及管理

①通风库贮藏。库房可用旧平房改建,在库房一端挖一地窗,并安装一台进风扇,另一端上方装排风扇,靠排风扇的房顶设

一个出气口。库房上方装两个紫外线灯，供杀菌用。库内沿纵墙开两条贮水沟，使库内相对湿度保持在90%～95%。

猕猴桃采后立即用SM-8保鲜剂8倍稀释液浸果，晾干后装筐。每筐装12.5千克，垛于库内。贮藏前期和后期库温较高时，应每隔8小时，开一次紫外线灯进行杀菌。杀菌时间需半小时，同时还可以去除乙烯，因为紫外线灯工作时会产生臭氧。

从午夜到早晨打开进风、排风扇，排出库内湿热空气和乙烯等有害气体，引入冷空气降低库温。排风扇的风速不可过大。

贮藏前用SM-8保鲜剂处理猕猴桃，可有效延长贮藏期，在普通室温下可贮存160天，腐果率、损耗率低于10%。

②常温简易贮藏。在窑洞内进行果与沙层堆积贮藏。具体方法是选用洁净的湿沙，湿度以手捏成团后放手可散为宜。先在窑洞地面铺一层3～5厘米厚的湿沙，然后放一层猕猴桃，再铺一层湿沙，总高度不超过40厘米。此方法可使猕猴桃贮藏20～30天。

③机械冷藏库贮藏。把经预冷和分级包装好的猕猴桃装入冷库内，掌握每次的入库量为冷库贮量的10%～20%，并做好冷库的温、湿度管理工作。要求冷库内保持温度恒定。除搞好温度控制外，还要注意及时除霜，除霜周期要短，速度要快，否则霜结得太厚，会影响制冷效果。同时，还要求库内各处的温度均匀，无过冷过热的死角，防止局部产品受损。果品的堆垛方式会影响库内温度的均匀度。一般的堆垛原则为留有足够的通风道，通风道的走向应与库内气体自然循环或强制循环的方向相一致，货堆底部垫木的方向应与气流方向一致。货堆顶部与顶棚间应留出80厘米以上的空间，货堆与墙面间应有30～40厘米的间距，箱与箱之间留10厘米的间距，库房中央走道不小于1.2米。在库内地板上洒水可增加库内湿度，也可在冷库顶棚安装超微喷头，直接向空气加湿。这些方法都能有效补充库内湿度，加强通风，以排

除库内的二氧化碳。

④气调库贮藏。使用气调库贮藏时首先应测试该气调库的气密性是否符合要求，是否泄漏，如气密性不良，则需要改善后才能使用。气调库在同一时间内只能保持一种气体组成和温、湿度，不宜经常启闭。每个贮藏室只能贮一种产品，最好是整批出入库。

要定期检查温度、湿度情况及气体分析仪和控制器的准确性。定期利用手提式气体分析仪检查自动化系统所控的气调室内的气体条件，至少每周要校正一次。

库内低氧气和高二氧化碳的环境条件对人体有很大的危害性，所以，气调库应贴有注意安全的明显标志和警示牌，非库内工作人员不得进入。当气调操作开始前，应先确认库内无人，并把门锁上后方可进行操作。在库门打开前至少 24 小时，应对气调库内通入新鲜空气，确定库内空气达标时，工作人员方可进入。

在气调贮藏中，必须使温度、湿度、气体组成三者有机结合，否则达不到最佳效果。

五、柰果保鲜贮藏

柰为我国南方特有的珍稀果品，主产于福建，成熟于盛夏，且成熟期集中，加上果品含糖量高，皮薄易遭损伤，采后鲜果易腐烂。

1. 贮藏特性

柰品种有花柰、江西柰、青柰和油柰。油柰又分为早熟种和晚熟种。柰果耐贮性差异不大，相对而言，以青柰的耐贮性较好。在青柰中，以晚熟柰较耐贮藏。柰的常温贮藏期为 15～20 天，低温贮藏可达 40 天以上。柰低温贮藏适宜的温度为 1.5℃～2.5℃之间，相对湿度为 88％～92％。气调贮藏时，温度、湿度与低温贮藏相同，气体环境氧气为 3％、二氧化碳为 3％，氮气为 94％。

2. 贮藏工艺

(1)适时采收　用于贮藏的柰一般在6月下旬至7月上旬采收。此时，柰果横径已达最大值，果实丰满，油柰、青柰青绿色减退，渐转淡绿色；花柰果实表面已初步转红、果肉已转红色。果实硬脆，皮难剥离但已可食用。

柰果实采收时间以上午10时以前、下午3时以后为宜。中午采收，常导致果温偏高，不利贮运。

采收时，用手指握住柰果，轻轻地左右旋转，着力点应放在果肩处，切勿强压果面，压伤果肉组织，同时，摘下的柰果应轻拿轻放，并尽可能多保留果粉。

(2)保鲜贮藏方法

①贮前处理。贮前柰果必须进行选果，把病虫果、过熟果、腐烂果、损伤果等挑出剔除，并用800～1000倍多菌灵洗果防腐，装入纸箱或筐、篮，放在通风、温湿度适宜的环境下预贮发汗。预贮发汗通常应把温度控制在25℃～30℃，相对湿度在70%以下，时间为1～3天，失水2%～3%较适宜。但果园土壤含水量高，采前降雨多的，可适当延长发汗时间。

②单果包装贮藏。将经过预贮发汗的柰果再次进行选果，然后用0.01毫米厚的高压聚乙烯薄膜小袋(12厘米×14厘米或10厘米×12厘米)单果包装，也可用皱纹纸单果包装，装入木箱或纸箱中，每箱装入10～15千克，放入乙烯脱除剂，再移入预先准备的、经过消毒的仓库、地窖、地洞、地下室进行常温简易贮藏，可贮藏15～20天。简易常温贮藏应利用昼夜温差做好通风换气工作。如将经过以上单果包装并装好箱的柰果放到通风库贮藏，效果更理想。

③快速降氧贮藏。把经挑选、预贮发汗的柰果用0.04毫米厚的高压聚乙烯薄膜袋(20厘米×30厘米)包装，每袋装入1千克左右。为去除乙烯，每袋中还应放入适量乙烯脱除剂，抽去袋

中的空气后迅速密封。装入果箱时，每箱装10～15袋，置于2℃低温库中贮藏。目前，古田地区的果农多数是先把预制好的0.04毫米厚的高压聚乙烯袋放入果箱内，再把经挑选、预贮发汗后的柰果装入聚乙烯袋中，并放入小包的乙烯脱除剂，再把袋中的空气抽去并迅速密封袋口，置于机械冷库中贮藏。以上方法贮藏的柰果，时间可达30～40天；好果率达90%以上，柰果（油柰）基本可保持原有的色泽、质地、风味，效果较好。

④标准气调贮藏，也就是人工贮藏，是柰果贮藏最理想的保鲜贮藏方法。

柰果标准气调贮藏的气体环境是氧气3%，二氧化碳3%，氮94%，温度为2℃±5℃，相对湿度以90%为宜。

⑤自发气调贮藏又称MA贮藏，是目前柰产区较适用的一种方法。其是将柰果经挑选预冷后，装入聚乙烯薄膜袋中，利用柰果的呼吸作用和聚乙烯薄膜袋的透气性能，自发调节贮藏环境中氧气、二氧化碳等气体浓度进行贮藏的贮藏方法。此外，还可以在自发气调的基础上进行人工快速降氧。其方法有两种：一是将装好柰果的薄膜袋（0.04毫米厚，20厘米×30厘米，每袋约1千克）抽真空后迅速密封袋口；另一种方法是抽真空后充入纯氮气，然后密封。这两种方法降低氧气浓度速度快，结合低温贮藏，效果很好，贮藏期可达40～60天，其果实硬度、色泽都较好，好果率可达95%以上。

六、桃果保鲜贮藏

桃为蔷薇科李属植物，原产于我国黄河上游海拔1200～2000米的高原地带，是我国最古老的果树之一。

1. 贮藏特性

桃属于典型的呼吸跃变型果品，果皮薄、果肉软、汁多、含水量高，收获季节多集中在七八月份高温季节，采后后熟迅速，极易

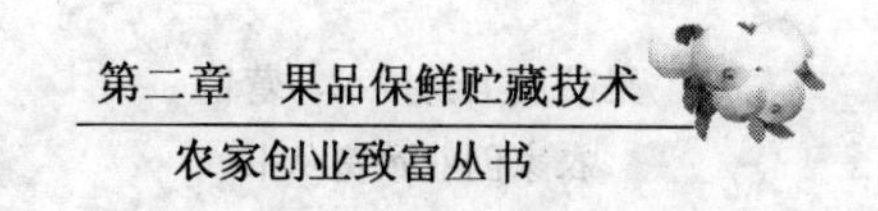

腐烂，是较难贮藏的果品。

不同品种的桃耐贮性差异很大。一般早熟品种不耐贮藏，中晚熟品种耐贮性较好。用于保鲜贮藏的桃，必须选择品质优良、果体大、色、香、味俱佳、耐贮性好的品种。按各种桃的耐贮藏时间不同，可分为耐贮藏品种、较耐贮藏品种和不耐贮藏品种三类：

①耐贮藏品种有陕西冬桃、中华寿桃、青州蜜桃、肥城桃、河北的晚香桃、辽宁雪桃等，一般可贮藏2～3个月。

②较耐贮藏品种有沙子早生、大久保、深州蜜桃、肥城水蜜、绿化9号、京玉、北红、白凤等，一般可贮藏50～60天。

③不耐贮藏品种有岗山白、岗山白500号、橘早生、晚黄金、离核水蜜、麦香、红蟠桃、春雷、雨花露等，贮藏时间短，贮后易变质腐烂。

桃贮藏的适宜环境条件一般是：温度为－0.5℃～3℃，相对湿度为90%～95%，气体成分为氧气1%～2%，二氧化碳4%～5%，在这样的贮藏条件下，一般可贮藏15～45天。

2. 贮藏工艺

(1)适时采收　桃采收的成熟度与贮藏期限及质量密切相关。一般就地鲜销的宜于八九成熟时采收，用于长途运输和贮藏的宜于七八成熟时采收。目前，桃的成熟度可分为以下几种：

七成熟：底色绿，果实充分发育，果面基本平无坑洼，毛茸较密，白肉品种底色呈绿白色，黄肉品种呈黄绿色，有色品种开始着色，果肉硬。

八成熟：绿色大部分退去，底色呈淡绿色，果面丰满无坑洼，毛茸变稀，有色品种阳面着色较明显，果肉稍硬。

九成熟：绿色基本退去，不同品种呈现出该品种应有的底色，毛茸少，有色品种大部着色，果肉有弹性，芳香。

十成熟：无残留绿色，果肉柔软，毛茸易脱落，皮易剥离，芳香味浓郁。

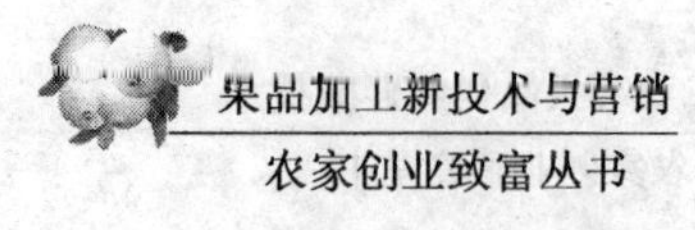

高温季节采摘的桃果应进行预冷后再贮运。预冷温度一般是5℃～10℃，预冷时间为1～2天。

(2)贮藏方式

①冷库贮藏。将七八成熟的桃采下预冷后装箱，置于温度为0℃～5℃、相对湿度为90%的冷库中，一般可贮藏15～30天。贮藏过程中应定期检查，发现问题及时处理。

②气调贮藏。我国对水蜜桃系的果品进行气调贮藏尚在研究之中，部分品种采用冷藏加改良气调进行贮藏，最长可贮藏4个月。在没有条件实现标准气调(CA)时贮藏，可采用桃保鲜袋加气调保鲜剂进行简易气调贮藏(MA)。具体做法是桃采收预冷后装入冷藏专用保鲜袋，附加气调剂，扎紧袋口，袋内气体成分保持在氧气0.8%～2%，二氧化碳3%～8%。这样可使大久保、燕红、中秋等品种分别贮藏40天，55～60天，60～70天，果品能保持正常后熟能力和商品品质。

间歇升温气调贮藏。将气调冷藏的桃贮藏15～20天后，移至温度为18℃～20℃的正常环境中放置2天，再放回原来气调室，能较好地保持桃的品质，避免或减少贮藏伤害。

水蜜桃保鲜贮藏方法是：水蜜桃采用广谱抗霉药物AF-2药纸包果，加上高效乙烯吸附剂，在温度为3℃～5℃冷库中进行简易气调贮藏，保鲜期可达40天，好果率达97%。北京产区的水蜜桃采用硅窗气调小包装贮藏代替普通冷藏，保鲜期还可延长。

③冰窖贮藏。我国北方地区于大寒前后人工采集天然冰块或人工造冰，贮于地下窖中，待夏季桃成熟时，将其用于桃果贮藏降温。该法可用于贮藏耐贮性较好的肥城桃及陕西冬桃。将采下的桃分拣装箱置于冰窖中，窖底及四壁留0.5米厚的冰块，将果箱堆码其上，一层果箱一层冰块，并将间隙处填满碎冰。堆好后顶部覆盖厚约1米的稻草等隔热材料，以保持温度相对恒定。

该法可将8月下旬入贮的鲜桃贮至立冬，如果再移入普通窖

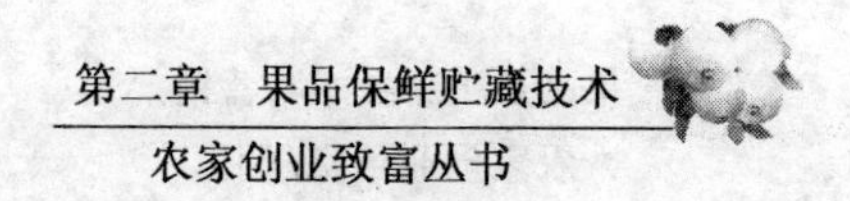

内继续贮藏，则可贮至翌年元旦。冰窖贮藏应注意封闭窖门，尽量将窖温控制在－0.5℃～1℃。

(3)贮运　长途运输一般选择中晚熟品种的桃，在八成熟时采收。虽然运输时间一般比贮藏的短，但也应保持较低的温度，适宜的温度是 1℃～2℃。如果没有冷藏保温车，也应尽量将温度控制在 5℃～10℃内贮运，最好不超过 12℃。无论采用何种方法运输，都应先预冷，再装车，才能使果温下降，减少损失。运输中，果品也可采用塑料薄膜包装，进行自发气调。

七、苹果保鲜贮藏

苹果树是我国栽培的主要落叶果树，尤其在北方地区，栽培范围广。苹果耐贮性较强，是全年供应市场的主要果品之一。

1. 贮藏特性

苹果耐贮性较好，但不同品种的耐贮性也存在差异。早熟品种如黄魁、红魁、特早红、祝光、辽伏等，一般成熟于 6～7 月份，采收早，糖分积累少，质地疏松，耐贮性差，一般不宜用于贮藏。中熟品种如红玉、红星、元帅、金冠、首红、华冠、鸡冠等，一般成熟于 8～9 月份，耐贮性比早熟品种好，在冷藏条件下，贮藏期可达 6～7 个月。晚熟品种如国光、富士、红富士系列品种、印度、青香蕉、倭锦、秦冠、向阳红、胜利等，一般成熟于 10～11 月份，糖分积累多，组织紧实，耐贮性好，采用冷藏或气调贮藏，贮藏期可达 8～9 个月。

果品的商品性状如色泽、风味、质地、形状等对其商品价值及销售影响很大。因此，用于长期贮藏的苹果品种不仅要耐贮藏，而且必须具有良好的商品性状，以获得更高的经济效益。

苹果贮藏的适宜温度是－1℃～4℃，相对湿度是 90%～95%。气调贮藏时，氧气为 2%～3%，二氧化碳 3%～5%。不同品种的苹果贮藏条件也不相同。苹果的贮藏条件和贮藏期见表

2-3。

表 2-3　苹果的贮藏条件和贮藏期

品种	温度/℃	相对湿度(%)	氧(%)	二氧化碳(%)	贮藏期/月
旭	3.5	90～95	3	2.5	2～4
元帅	0～1	95	2～4	3～5	3～5
红星	0～2	95	2～4	3～5	3～5
金冠	0～2	90～95	2～3	1～2	2～4
红玉	0	90～95	3	5	2～4
橘苹	3～4	90～95	2～3	1～2	3～5
青香蕉	0～2	90～95	2～4	3～5	4～6
国光	－1～0	95	2～4	3～6	5～7
富士及红富士	－1～1	95	3～5	1～2	5～7

2. 贮藏工艺

(1)适时采收　采收时间对苹果贮藏影响很大,应根据不同品种,不同贮藏期及贮藏条件、运输距离和产品的用途等来决定采收期。早熟品种不能长期贮藏,采后应立即上市,可适当晚采。晚熟品种长期贮藏后上市,应适当早采。预定贮藏期较长或采用气调贮藏的,可提早几天采。预定贮藏期较短或一般冷藏的,可延缓几天采收。过早采收,果品风味色泽差,自然损耗大;过晚采收,则易发生果肉变质,耐贮性差。

(2)贮藏方式　苹果的贮藏方式很多,短期贮藏可采用地沟贮藏、土窑洞贮藏、通风库和改良通风库贮藏、冻藏等方式。如果是准备进行长期贮藏或外贸出口的苹果,应采用机械冷库贮藏或者气调贮藏。

①地沟贮藏。在苹果园或苹果园附近选择地下水位较低、向阳背风的平坦地段挖沟,沟深1米,宽1～1.5米,长度根据地形和贮藏量而定,一般长25米的沟,就可贮藏苹果10吨。沟藏的办法简单易行,投资少,具有较好的贮藏效果。山东烟台地区果农广泛采用这种贮藏办法。地沟应在果品采收前1周挖好,沟底

应平整，并铺上3～7厘米厚的细沙，充分预冷，干燥时应洒水增湿。气候寒冷地区的沟适当加大加深。沟内每隔1米砌一个30厘米见方的砖垛，并套上蒲包防止伤果，还可供检查苹果时立脚。砖有导热性能，还可起到加快底层苹果散热的作用。

在10月下旬至11月上旬采收的苹果，经选果预冷后就可入沟贮藏。贮藏的果品可以采用散堆法、装筐法或塑料袋装法，以塑料袋装为佳。散堆法果品应分段堆放，厚度60～80厘米，每隔3～5米竖立一秫秸以利通风。塑料袋装法是将经预冷的果品装入0.05～0.06毫米厚的聚乙烯薄膜袋后入贮，每袋装入15～25千克，入沟2～3天后扎紧袋口。这种办法可有效控制果品的失重和保持果品的硬度。入贮初期，白天需覆盖遮阴，夜晚揭开降温。至11月下旬气温明显下降时，用草或草帘覆盖防寒，并随气温的下降，逐渐加厚覆盖层，最后可达30厘米左右。草帘搭盖需呈屋脊形，防止雨雪渗入。至翌年3月份以后，当沟温升至2℃以上时即结束贮藏。

②土窑洞贮藏。利用土窑洞贮藏苹果，是我国西北地区古老的贮藏方式，现在许多苹果产区也都普遍采用。山西省果树研究所通过对土窑洞贮藏苹果的研究，已经形成了包括窑洞设计、贮藏保鲜方法与管理措施在内的一整套土窑洞贮藏技术，对窑的形式、通风降温性能都做了很大的改进，即从一般土窑洞发展成具有隔热层砖墙加固窑洞，由自然通风改为机械强制通风和机械制冷，并将塑料薄膜小袋包装简易气调贮藏、硅窗气调小包装，以及硅窗气调大帐贮藏保鲜等技术应用于土窑洞贮藏，提高了贮藏效果。其技术要点是合理设置和挖造窑洞，安装完备的通风系统，以加强通风降温；冬季采用自然制冰或自制雪球放入窑洞中，以降低窑内温度，保持窑温在－1℃～10℃；应用气调理论，配合塑料薄膜小包装和硅窗气调大帐技术贮藏，在苹果入窑初期，使之处于较高的二氧化碳（8%～10%）和较低的氧气（5%～8%）的气

体环境下，克服了贮藏初期（9～11 月份）窑内温度较高（8℃～12℃），对苹果贮藏产生的不利影响，保证了贮藏质量，使苹果的贮藏期得以延长。

窑洞贮藏的管理原则是前期降高温，中期保低温，后期控回温。前期，苹果采收时，正值晚秋和初冬，气温仍然较高，窑温也较高，要利用夜间低温，把所有通气孔和门窗都打开进行通风，把窑温降下来，并定期洒水，保持窑内一定湿度。中期，是整个冬季，此时以防寒为主，一般将通风孔及门窗关闭，根据情况打开门窗调整温度，使之稳定在 0℃左右，并制作冰块或雪球移入窑内，稳定温度，增大湿度。后期，已到翌年春季，气温逐渐高于窑温，白天要把通风孔、门窗关闭，不使窑外空气进入，夜间低温时打开通风，以降低窑内温度。

③通风库贮藏。通风库贮藏是我国苹果保鲜的主要贮藏方式之一。但因原始的通风库靠自然通风控温，无法对苹果入库初期及翌年春季后较高的温度进行控制，后经山东省果树研究所改良后，增加了机械制冷设备，使苹果在入库初期的库内温度可达 10℃以下，有利于果品迅速散除田间热。入冬后，气温下降，可停止机械制冷，只依靠自然通风控温。翌年春季气温回升时，再次开动机械制冷设备，使库温保持在 10℃以下。这种通风库克服了一般通风库贮藏前期与后期温度过高的问题，适宜苹果贮藏。这种方法其建库成本和设备投资低于全机械冷库，是一种投资少、见效快、效果好的节能贮藏方法，值得推广。如在库内配合采用硅窗气调大帐和小包装气调贮藏技术，效果更理想。

苹果在入库前，库房应进行清理、打扫、消毒，待库温降至 10℃左右时才可入库。果筐（箱）在库内的堆码方式以花垛形为好。垛下垫木条或砖块。果垛之间、垛与垛之间应留间隙和通道，以便于通风和操作管理。通风库的管理工作主要是调节库内的温度、湿度，与土窑洞的管理相似，可以参照土窑洞贮藏的要求和方法，因地制宜地进行。可在库内选择有代表性的部位设置温、湿度计，以便观察库内的温、湿度变化情况，及时调节好温、湿度。

④冻藏。冻藏是指在冬季利用自然低温，使苹果在轻微冻结之后进行贮藏。国光苹果比较适用于此法。冻藏结束后，苹果经过缓慢解冻，能够恢复其正常的生理功能。

准备用来冻藏的国光苹果要适当晚采。分级后，果品包纸装箱或装筐，经过预冷，先堆码在普通贮藏窖或窑洞中，随严寒季节的到来，敞开门窗，使贮藏场所的温度下降到－8℃左右(不包纸的国光苹果为－6℃)，苹果在冻结状态下继续贮藏。到翌年春季外界气温升高时，将门窗紧闭，或在箱(筐)垛上加塑料薄膜帐并盖上棉被，使之保持冻结状态。

苹果冻藏时应注意果品冻结后，保持在冻结状态下贮藏，不能时冻时消，否则果品不能复原，还会变褐变软；苹果一经冻结，切忌随意搬动，防止造成机械伤害；冻结的苹果，翌年春季应随气温的逐渐升高缓慢解冻，不能急骤地放在高温下解冻。

⑤机械冷库贮藏。苹果采收后，经产地分级、挑选后用纸箱、木箱或条筐包装后，应在1～2天内入冷库贮藏，3～5天内将果温降到－1℃～0℃，相对湿度控制在90％～95％。码垛时，不同种类、品种、等级、产地的苹果应标明，分别码放。垛底应用枕木垫起20厘米高，箱、筐间要留适当间隙，垛顶距库顶留60～70厘米的空隙，以便于通风。靠近蒸发器及垛顶处，应加盖覆盖物，以免冻伤果品。

冷藏库的温、湿度应配备专人监测，面积较大的冷库应在有代表性的位置放置感温探头或温、湿度计，专人定时记录，按要求调节好贮藏温度。冷库内的湿度可用淋湿吹风、库内喷雾、洒水或安装加湿器等方法提高湿度。

冷藏苹果出库前几天应停止制冷，使果温逐渐上升，以免骤然升温导致果品表面产生水珠而腐烂。

⑥气调贮藏。气调贮藏可在气调库中进行，也可在常温库及冷库等场所内进行简易气调。气调保鲜贮藏的方式有标准气调、变动气调、双相变动气调、机动气调和自发气调。

标准气调，简称CA，是利用机械方式调控贮藏库内的气体(如氧气、二氧化碳、氮气)、温度和代谢次生气体(如乙烯、乙醇、其他芳香类物质等)。对于大多数苹果品种而言，控制氧气2%～5%和二氧化碳3%～5%比较适宜，但红富士苹果对二氧化碳比较敏感，目前认为该品种贮藏的气体成分为氧气2%～3%和二氧化碳2%以下。

苹果气调贮藏的温度可比一般冷藏高0.5℃～1℃。对二氧化碳敏感的品种，贮温还可再高些，因为提高温度即可减轻二氧化碳伤害，又可减轻冷害。

气调库内设有调控气体成分、温度、湿度的机械设备和仪表，由计算机自动调控，但需配专人管理，定期检查、记录，抽查所贮藏果品的质量，如有不符合要求者，及时进行调节。

双相变动气调，简称TDCA，是指苹果在贮藏过程中，只变化温度和二氧化碳两个参数。其贮藏方法是温度设定10℃～15℃约30天，之后逐渐在60～90天内降至0℃，并保持此温度到贮藏结束。二氧化碳前30天为12%～15%，之后30天为8%，之后120天为6%。氧气前30天为1%，之后为3%一直到贮藏结束。其贮藏效果超过普通冷藏，达到标准气调贮藏水平。因为该方法初期温度较高，可减轻高二氧化碳的伤害，对乙烯生成产生抑制作用，延缓了果品后熟衰老进程，有效保持了果实硬度。但此法尚有许多技术需要在今后实际应用中不断加以改进和完善，以取得更好的贮藏效果。

机动气调是发达国家常用的苹果改良标准气调保鲜方式，简称DCA，指果品贮藏前期进行高二氧化碳处理，通常采用机械方式调节袋内氧气和二氧化碳指标，其中氧气控制指标与标准气调相似，而二氧化碳则高于标准气调指标 5～10 倍。特别是用于金冠、新红星等耐二氧化碳伤害的品种保鲜，效果极佳。

⑦保鲜剂保鲜贮藏。1-MCP(1-甲基环丙烯)是近年来用于苹果保鲜的一种极为有效的保鲜剂。它可有效地抑制苹果等跃变型水果的呼吸强度和乙烯生成量，对于保持果实硬度、色泽、酸含量、可溶性固形物等十分有效，也可显著减少或消除苹果贮藏及货架期的虎皮病等生理病害。1-MCP 使用浓度低且无毒副作用。苹果在普通冷藏条件下采用 1-MCP 处理，可贮藏6～9 个月，果品硬度、酸含量明显高于气调贮藏。如果采用 1-MCP 处理＋气调贮藏，对贮后果品的硬度、酸含量和虎皮病的控制等方面，效果高于单纯气调贮藏。但需要特别引起注意的是，必须在苹果呼吸跃变之前采用 1-MCP 处理，否则效果较差。处理后，贮藏温度应与气调贮藏温度一致，不可过低。

八、梨保鲜贮藏

梨树是我国栽培的主要仁果类果树，梨果脆嫩、香甜、汁多味美，营养丰富，深受消费者的欢迎。它不仅可鲜食，还可制成罐头、梨汁、梨脯等。我国北方的鸭梨、雪花梨、香水梨，南方的二宫白、菊水等还远销港澳地区及新加坡、马来西亚、泰国和印度尼西亚等地区和国家。搞好梨的保鲜贮藏，是提高梨的产值、搞活农村经济、增加果农收入的重要工作。

1. 贮藏特性

不同品种的梨其耐贮性也不同，一般早熟品种不耐贮藏，而中晚熟品种较耐贮藏。鸭梨、雪花梨、长把梨、莱阳大香水梨、杨山酥梨、七里香梨、苹果梨、秋白梨、冬果梨、库尔勒香梨等品质好又耐贮藏。一些含石细胞多的梨如辽宁蜜梨、山西笨梨、黄梨、油梨、河北安梨、红霄梨、陕西遗生梨等极耐贮藏，而且贮后品质还有所提高。

不同品种的梨贮藏的适宜温度也不同。中国产的梨贮温为0℃～2℃，大多数进口梨的贮温为－1℃，脆肉品种的梨即使轻微冻结，品质也会受到影响。如鸭梨对低温比较敏感，需经过缓慢降温后，再维持其适宜贮温。梨贮藏期的长短与贮温、品种密切相关。梨的贮藏特性、贮藏条件和贮藏期见表2-4。

表2-4　梨的贮藏特性、贮藏条件和贮藏期

品种	耐藏性	贮藏温度/℃	贮藏期/月	备注
南果梨	较差	0～2	1～3	不需后熟，果肉易变软
京白梨	较耐贮藏	0	3～5	氧2%～4%，二氧化碳2%～4%，后熟期7～10天
鸭梨	耐贮藏	0～1	5～8	需缓慢降温，对二氧化碳和低氧敏感，不适宜气调贮藏
酥梨	较耐贮藏	0～5	3～5	
慈梨	较耐贮藏	0～2	3～5	对低温和二氧化碳较敏感
雪花梨	耐贮藏	0～1	5～7	对二氧化碳敏感
秋白梨	耐贮藏	0～2	6～9	可进行气调贮藏，氧3%～5%，二氧化碳2%～4%
库尔勒香梨	耐贮藏	0～2	6～8	可气调贮藏，条件同上
栖霞大香水	耐贮藏	0～2	6～8	
三季梨	耐贮藏	0～1	6～8	可气调贮藏，条件同上
苍溪梨	较耐贮藏	0～3	3～5	
21世纪	较耐贮藏	0～2	3～4	可气调贮藏，氧4%～5%，二氧化碳3%～4%
二宫白	不耐贮藏	0～3	1～2	
巴梨	较耐贮藏	0	2～4	可气调贮藏，氧1%～4%，二氧化碳2%～5%
长把梨	耐贮藏	0～2	4～6	对二氧化碳敏感

梨皮薄汁多，易失水，较高的空气湿度可有效减少梨的水分蒸发，减缓梨皮的皱缩，降低自然损耗。贮藏梨的适宜相对湿度为90%～95%。

低氧高二氧化碳对保持梨的色泽、硬度、品质、风味有较好的效果。但梨对二氧化碳极为敏感，一般在二氧化碳≥3%时即发生褐变，二氧化碳≥5%时严重褐变，有的品种甚至当二氧化碳≥1%时即发生褐变，因此，贮藏时，应严格控制二氧化碳的含量。山东省外贸公司对莱阳梨进行气调贮藏试验后，认为氧气（2%～4%）＋二氧化碳 2%，对莱阳梨保鲜贮藏效果较好。此外，梨对二氧化硫、氯气也较敏感，贮藏梨的库房在消毒后应及时通风换气。

2. 贮藏工艺

(1)预贮　刚采下的梨带有大量的田间热，必须进行预贮降温。预贮可在果园内选择阴凉高燥处进行，也可在预先搭好的凉棚下或阴凉通风的室内进行；预贮可在采果后进行，也可在经分选、包装后进行。不论是否包装，果品都不能堆码得太高，一般为 4～6 层，摆放的宽度为 1.2～1.7 米，长度可根据梨数量和场地大小而定，摆成下大上小的梯形，经过 2～4 天预贮，基本可以入库贮藏。如果在露天预贮，要注意做好白天盖席遮阳，晚上揭席降温，遇雨及时遮盖等工作。

(2)贮藏方式

①室内常温贮藏。采下的梨果在无法立即进行销售或入库贮藏前，可暂时采取室内常温贮藏。室内常温贮藏的梨果，要严格把好采摘质量关，不能过早或过晚采摘，要适时采收，否则将导致贮藏失败。采收时，应选择干爽晴朗的天气进行，细摘轻放，防止碰伤。采下后要严格精选，把上等好的梨果用于贮藏。贮前也必须经过预贮降温，然后移入室内。用于贮藏的场所必须是干燥、阴凉的空屋等，对其预先进行消毒，地面铺垫干草或细沙，把梨果堆放其上，堆高 30～40 厘米，再用干草覆盖。如果是已装箱的，可把箱堆码 3～4 层，不能堆码得太高。贮藏好后注意室内通风换气，如不能及时售出可用其他方法贮藏。

②窑窖贮藏。用窑、窖贮藏梨是我国西、北方寒冷地区常用的方法。我国西北部各省产梨区近年来改进原来传统的窑藏形

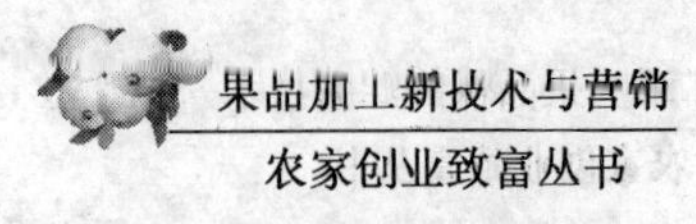

式，即从一般的土窑洞发展成为具有隔热层砖墙加固窑洞，通风降温性能也做了很大的改进，由原来的自然通风改为机械强制通风和机械制冷，很大程度上提高了贮藏质量。

窖藏分半地下式和地下式两种。入窖的梨果要严格精选和细致包装，码垛时注意留有空隙，以便通风。入贮初期，夜间门窗和通风孔均要打开，白天封闭，使窖温保持在0℃～1℃。如果低于0℃，要放入炭火盆以提高窖温。

河北地区贮藏鸭梨常用棚窖，窖长15米，宽5米，深2米。窖顶用椽木、秸秆、泥土作成，其上设两个天窗(面积为2.5米×1.3米)，窖端设门(高1.8米，宽0.9米)。梨果入窖初期，门窗敞开，利用早晚低温通风换气。当窖温降至0℃时，将门窗关闭，并随气温的降低，在窖顶分次覆土，最后覆土厚度达30厘米左右。

窑、窖贮藏期最长可达8个月。但要注意防鼠害，入贮前要熏硫或喷杀菌剂，对窖内四壁进行消毒或用白灰刷白。

③通风库贮藏。将采下的梨果预冷、装箱、装筐后入库，在库内安装强制通风设备如轴流式风机、排风扇等，排除库内的热空气，引入库外的冷空气。当库温高于外界温度时便可开机通风，当温度降至0℃时停机，同时关闭库门、进风道和出风口。在库内有代表性的部位放置干湿球温度计，每日由专人负责检查记录，作为调控库内温、湿度的依据。

④机械冷库贮藏。梨采收后进行严格精选、装箱或装筐后尽快(1～2天)进入冷库进行通风贮藏，不宜采后直接贮入0℃库内，否则入贮1个月后就出现严重“黑心”。由降温过快引起的“黑心”常表现为果心发生褐变、果肉仍为白色，果皮保持青绿或黄绿色。冷库贮梨以采用逐步降温为宜，即入贮时库温为10℃～12℃，经7～10天后，每3天把库温下调1℃，降至6℃～8℃时，保持1周，以后每隔3天降温1℃，直到降温至0.5℃～1℃时，即可保持此温度到贮藏结束。

冷库内的温、湿度由专人负责管理。面积较大的冷库应在适当位置放置感温探头或温、湿度计，由专人定时记录，按要求及时控制好库内的温、湿度。梨对二氧化碳极为敏感，应特别注意库内通风换气，前期每天1次，后期每两天1次，每次2小时，以减少库内二氧化碳、乙烯等有害气体的含量。

冷藏的梨出库前几日应停止制冷，使果温逐渐上升，以免骤然升温致使梨果表面产生水珠，导致腐烂。

⑤气调贮藏。多数品种的梨适宜于气调贮藏。与普通冷藏相比，气调贮藏具有抑制乙烯生成、降低生理病害发生、减少果品失水腐烂等优点。中国多数品种的梨适宜的贮藏温度为0～1℃；西洋梨则适宜于－1℃～0℃贮藏。梨适宜于在低温高湿的环境下贮藏，但鸭梨采后不能立即低温贮藏，否则会缩短其贮藏寿命，发生低温伤害及出现黑心病。

梨气调贮藏一般要求相对湿度为85%～95%，氧气5%～10%，但对二氧化碳浓度要求十分严格，二氧化碳浓度超过1%时，有的品种就会发生病变，所以，必须根据不同品种的梨选择适宜的气体环境。不同品种梨的气调贮藏条件见表2-5。

表2-5　不同品种梨的气调贮藏条件

品种	贮温/℃	氧气浓度(%)	二氧化碳浓度(%)
鸭梨	1.0～2.0	10.0～12.0	0.5～0.7
巴梨	－0.5～0	1.0～2.0	4.0～5.0
香梨	0	8.0～10.0	2.0～4.0
秋白梨	－0.5～0	5.0～10.0	3.0～4.0
雪花梨	0～1.0	8.0～10.0	3.0～4.0
20世纪梨	0～1.0	5.0	4.0
菊水梨	0	6.0～10.0	3.0
洋梨	2.0～3.0	2.0～3.0	10.0～12.0
茌梨	0～1.0	12.0～15.0	1.0～2.0
锦丰梨	0～1.0	10.0～15.0	1.0～2.0
安久梨	－1.0～0	1.5～2.5	0.8～1.0

利用塑料大帐对梨进行气调贮藏时，因为帐内二氧化碳浓度变化快，容易失控造成损失。为防止损失发生，可适当早采收，并贮于逐步降温的帐内，进行自发气调贮藏，帐内气体控制在氧气12%～13%，二氧化碳0.5%左右为宜。

九、葡萄保鲜贮藏

葡萄是浆果类中栽培面积最大、产量最高、最受消费者喜爱的一种果品。随着人们生活水平的提高，鲜食葡萄的需求量增长很快。为满足广大消费者的需求，做好葡萄保鲜贮藏极为重要。

1. 贮藏特性

①品种。葡萄品种很多，其中大部分为酿酒品种，适合鲜食与贮藏的品种有巨峰、黑奥林、龙眼、牛奶、黑汉、玫瑰香、保尔加尔等。用于贮藏的品种必须同时具备商品性状好和耐贮藏两大特征。品种的耐贮运性是其多种性状的综合表现，晚熟、果皮厚韧、果肉致密、果面和穗轴上富集蜡质、果刷粗长、糖酸含量高等都是耐贮运品种具有的性状。一般来说，晚熟品种较耐贮藏；中熟品种次之；早熟品种不耐贮藏。

②生理特性。葡萄属于非跃变型果品，无后熟变化，应该在充分成熟时采收。充分成熟的葡萄色泽好，香气浓郁，干物质含量高，果皮增厚，大多数品种果粒表面被覆粉状蜡质，因而贮藏性增强。在气候和生产条件允许的情况下，采收期应尽量延迟，以求获得质量好、耐贮藏的果品。

③贮藏条件。葡萄贮藏中发生的主要问题是腐烂、干枝与脱粒。腐烂主要是由灰霉菌引起；干枝是因蒸腾失水所致；脱粒与病菌危害和果梗失水密切相关。在高温、低湿条件下，浆果容易腐烂，穗轴和果梗易失水萎软，甚至变干，果粒脱粒严重，对贮藏极为不利。所以，降低温度和增大湿度对减轻以上问题均有一定效果。葡萄贮藏的适宜温度为－1℃～1℃，相对湿度为90%～

95%。气调贮藏时气体成分为氧气3%～5%，二氧化碳1%～3%。

2. 贮藏工艺

(1)贮前防腐处理　为减少葡萄贮藏中的腐烂，无论选择何种贮藏场所，均应进行防腐处理。生产上多采用二氧化硫或仲丁胺药剂进行处理。

①二氧化硫处理。将筐装或箱装的葡萄堆码成垛，罩上塑料帐，以每立方米容积用硫黄2～3克的剂量，使之充分燃烧产生二氧化硫，熏20～30分钟，然后解开薄膜帐通风。在贮藏过程中还要定期检查，并进行第二次、第三次二氧化硫熏蒸处理。

另一种方法是利用亚硫酸盐如亚硫酸氢钠、亚硫酸氢钾等，使之缓慢释放出二氧化硫气体。可按葡萄贮藏量的0.3%来称取亚硫酸氢钠，与等于其两倍量的无水硅胶充分混合后，将其按每包3～5克的量装入若干个小包。在纸箱中的葡萄上放1～2层纸，将药包分摆在纸上，再用箱内衬垫的包装纸将其封在箱内，然后堆码入库。纸包中的亚硫酸氢钠吸水后会释放出二氧化硫，起到防腐作用。硅胶混合在药物中的作用是吸收周围的水分，避免亚硫酸氢钠迅速吸水集中释放二氧化硫而很快失效。

应注意的是不同的葡萄品种对二氧化硫的耐受能力不同，大批量贮藏时应先取少量进行试验。另外，二氧化硫对大部分水果和蔬菜都有危害，处理时应与其他果品隔离。二氧化硫对人的呼吸道和眼睛有强烈的刺激作用，操作时应注意防护。

②仲丁胺处理。按每100千克葡萄使用仲丁胺药液10毫升的比例，利用塑料薄膜大帐进行熏蒸处理。也可用克霉灵（仲丁胺的稀释液）进行熏蒸，一般是每100千克葡萄使用克霉灵6克左右，或每立方米空间使用克霉灵14克左右。熏蒸处理的时间以12小时左右为宜，用药量大时时间可短一些，反之，时间可稍长些。

(2)贮藏方式

①缸(罐)贮藏。选择未盛过酸、碱、盐、油的缸或罐,用清水洗净,控干水分,用70%的酒精或60度的白酒擦拭内壁,进行消毒处理。待葡萄成熟或气温降至葡萄有受冻危险时,将果穗剪下,逐层放入缸内。每层葡萄之间用竹篦或秫秸编织的帘子隔开,既可防止葡萄层与层之间压伤,又便于通风。装满后,用塑料薄膜封口、扎紧,置于阴凉处贮存,贮存温度以0℃左右为好。也可将装满葡萄的缸或罐封口后埋入背阴处的地下,上面再盖20～40厘米厚的土,以免积水。这样可贮至翌年元旦或春节,葡萄仍然新鲜可口。

②室内或地窖贮藏。将采下的葡萄装入衬垫有3～4层纸的筐或箱内,放在阴凉处预贮,以散去田间热,降低果温。预贮场所地面应垫枕木或砖,以利于通风,葡萄上需盖苇席遮阴。待气温下降、室外开始出现霜冻时,将葡萄搬入室内或地窖中贮藏。贮藏开始时应进行防腐处理。

室温或窖温应尽可能控制在－1℃～0℃,湿度低时,应经常洒水加湿,保持相对湿度在90%左右,只要温湿度管理得当,一般可贮藏至翌年春节以后。有的葡萄产地采用室内或窖内搭架的方法贮藏,用木料搭成双层架,每层铺苇席,将葡萄排列其上,厚度以30～40厘米为宜,最上层盖纸,温度过低时应再增加覆盖物。

③用S-M和S-P-M防腐保鲜剂贮藏葡萄。S-M和S-P-M防腐剂为白色片剂,在一定的温、湿度下,能缓慢地释放出二氧化硫气体,起到杀菌防腐的作用。选好果穗,装箱时加入药剂,每箱装葡萄7.5～10千克,并将果柄朝上排列,然后将果箱放入贮藏场所。加入保鲜药剂的方法是将药剂装入透气的塑料小袋中(可在塑料小袋上用针刺几个小孔),把这些小袋均匀地分散在葡萄的底层和上层(箱内衬上蜡纸),然后在葡萄上面盖上纸和薄膜,防

腐剂的用量通常是葡萄量的0.25%，即每千克葡萄用药2片（每片0.62克）。

④冷库贮藏。葡萄采收后迅速预冷至5℃以下，随后在库内堆码贮藏。入库时要控制入库量，可进行分批入库贮藏。比如容量为50～100吨的冷库，可在3～5天内将库房装满，这样有利于葡萄散热，避免热量在堆垛中蓄积。葡萄装满库后要迅速降温，最好在3天内将库温降至0℃，降温速度越快越有利于贮藏。随后在整个贮藏期间保持温度为－1℃～1℃，湿度为90%～95%。葡萄在冷藏过程中，结合用二氧化硫进行防腐处理，贮藏效果更佳。

⑤气调贮藏。由于葡萄是非跃变型果品，对其气调贮藏目前有肯定与否定两种认识。如美国的葡萄主要采用冷藏，而法国、俄罗斯气调贮藏比较普遍。我国近年来在冷库中采用塑料薄膜帐或袋贮藏葡萄效果显著。由于栽培条件、品种特征、贮藏习惯与要求等因素的影响，在大批量气调贮藏葡萄时，应该慎重从事。

葡萄气调贮藏时，首先应控制适宜的温度和湿度条件。在低温高湿环境下，大多数品种的气体指标是氧气3%～5%，二氧化碳1%～3%。用塑料袋包装时，袋子最好用0.03～0.05毫米厚的聚乙烯薄膜制作，每袋装5千克左右。葡萄装入塑料袋后，应该敞开袋口，待温度稳定在0℃左右时再封口。塑料袋一般是铺设在纸箱、木箱或者塑料箱中。

采用塑料薄膜帐贮藏时，先将葡萄装箱，按帐子的规格将葡萄堆码成垛，待库温稳定在0℃左右时罩帐密封，定期逐帐测定氧气和二氧化碳的含量，并按贮藏要求及时进行调节，使气体指标尽可能达到贮藏要求。气调贮藏时，亦可结合用二氧化硫进行防腐处理，其用量可减少到一般用量的2/3～3/4。

(3)南方葡萄的贮藏方式　南方采收葡萄时正值高温、高湿期，果品水分含量高，可溶性固形物含量比北方果实低，因而，其贮藏难度较大。贮藏的葡萄应选择穗轴壮、穗形紧凑、整齐清洁的果穗，剪除病、烂果粒，将无病健穗装入 0.05 毫米厚的聚乙烯薄膜袋中（每袋装 8～10 千克），并在袋中放入二氧化硫缓释保鲜片剂 1911、1913（浙江农科院园艺研究所研制）。保鲜剂用量为每千克果穗用药 1.2～1.4 克。然后置于 0℃左右的低温下贮藏。用此法贮藏葡萄 3～4 个月，穗轴仍保持绿色，果粒新鲜饱满，好果率达 90%以上。

(4)贮藏期间管理 葡萄贮藏期间的管理措施主要是降温、调湿、调节气体成分和防腐处理，即温度控制在 0℃左右，湿度为 90%～95%，氧气为 3%～5%，二氧化碳为 1%～3%。此外，对于中、长期贮藏的葡萄，二氧化硫防腐处理是必不可缺的环节。现在生产中使用的许多品牌的葡萄防腐保鲜剂，实际上都属于二氧化硫制剂。

二氧化硫气体对葡萄的真菌病害有抑制作用，只要使用剂量适当，对葡萄皮不会产生不良影响。二氧化硫还可以降低葡萄的呼吸强度，利于保持穗轴的鲜绿色。

二氧化硫处理葡萄的方法有用二氧化硫气体直接熏蒸、燃烧硫黄熏蒸、用重亚硫酸盐缓慢释放二氧化硫熏蒸，其中，以燃烧硫黄熏蒸方法使用较多。将入冷库后箱装的葡萄堆码成垛，罩上塑料薄膜帐，帐内每立方米用硫黄 2～3 克，使之完全燃烧生成二氧化硫，熏 20～30 分钟，然后揭帐通风。在冷库中也可直接燃烧硫黄熏蒸。为使硫黄能够充分燃烧，每 30 份硫黄可拌 22 份硝石和 8 份锯末，然后放在陶瓷盆中，盆底放一些炉灰或干沙土，点燃硫黄。每个贮藏间内放置数个药盆，药盆在库外点燃后迅速移入库内，然后将库房密闭，硫黄充分燃烧，熏蒸 30 分钟。

用重亚硫酸盐如亚硫酸氢钠、亚硫酸氢钾、焦亚硫酸钠与硅胶混合，使之缓慢释放二氧化硫气体，达到防腐保鲜的目的。将重亚硫酸盐与研碎的硅胶按 1∶2 的比例混合，再将混合物包成小包或压成小片，每包3～5克，根据包装箱内葡萄的重量，按大约含重亚硫酸盐0.3%的比例放入混合物。箱装葡萄上层盖一两层纸，将小包混合物放在纸上，然后堆码。还可用湿润锯末代替硅胶做重亚硫酸盐的混合物，锯末事前要经过晾晒、降温，用单层纱布或扎孔塑料薄膜包裹后即可使用。药物必须随配随用，放置时间长会因二氧化硫挥发而降低使用效果。

葡萄因品种、成熟度不同对二氧化硫的耐受能力也不同。二氧化硫浓度不足、达不到防腐目的，浓度太高又会对葡萄造成伤害，使果粒褪色，严重时果实组织结构也会受到破坏。二氧化硫在果皮中的残留量为10～20微克/克比较安全，故处理大规模用于贮藏时，有必要先进行实验，以确定硫的用量。在冷藏期间，药害往往不明显，但当葡萄移入温暖环境后则发展很快。二氧化硫只能杀灭果品表面的病菌，对贮藏前已侵入果品内部的病菌则无效。

二氧化硫熏蒸也存在一些弊病，例如库内或者塑料帐、袋内的空气与二氧化硫混合不匀，局部存在二氧化硫浓度偏高，而使葡萄表皮出现褪色或产生异味等；二氧化硫溶于水生成亚硫酸，对库内的铁、铝、锌等金属器具和设备有很强的腐蚀作用；二氧化硫对人呼吸道和眼睛的黏膜刺激作用很强，对人体危害较大；熏蒸后为除去二氧化硫要进行通风，通风则会影响库内温度和湿度。对于二氧化硫熏蒸带来的这些影响应有足够的认识，并设法减少不良影响。

十、柿果贮藏与脱涩

为有计划地供应市场，采收后的柿果往往进行贮藏保鲜，延长其供应期。贮藏用的柿果一般在9月下旬至10月上旬采收，采收宜早不宜迟，果实未充分成熟的比完熟的好，中等大小的果实比大果好。贮藏用的柿果应选择果蒂呈绿色、肉质硬的果实。

采摘时，柿果要保留果柄和萼片，并尽量减少损伤。

1. 贮藏方式

(1)常温堆藏 选择冷凉、干燥、通风良好的库房，打扫干净，在地面铺上一层15～20厘米厚的麦秸、稻草等，将经挑选过的柿果整齐排放在上面，一般码3～5层；入库初期，要通风换气5～7天，使蒸发出的水分排出室外，然后停止通风，密封门窗，上面覆盖稻草等物进行贮藏，一般可贮藏两个月左右。

(2)液藏 柿果液藏的方法为将50千克水中加入食盐1.5～3.5千克、研细过筛明矾0.25～3千克，倒入缸内，不断搅拌，使明矾充分溶解，然后再倒入100千克柿果，盖上柿叶，压上竹条，使柿果淹没在溶液中，如水分蒸发需及时加水。如食盐、明矾含量少，贮藏后的柿果品质、风味较好；食盐、明矾含量大，则贮藏时间长，一般可长达5个月左右。应注意的是根据柿果的品种、成熟度的不同，盐矾的用量也应有所不同，同时，贮藏时间的长短与温度有关。在我国北方，气温较低，贮藏时间可长些；在南方，气温高，贮期就短。液藏的柿果以八九成熟时采收为宜。

(3)塑料薄膜袋贮藏 柿果贮藏的适宜条件为温度为0℃，相对湿度为85%～90%，气体成分是二氧化碳与氧的比例为2∶1以上。为达到这一条件，可将柿果密封于厚度为0.1毫米的聚乙烯薄膜袋中，每袋装果1千克，并加入以还原铁粉为主要原料的氧吸收剂和以高锰酸钾、珍珠岩为主要原料的乙烯吸收剂各1小包，然后，采用塑料封口机热合密封，置于库温为0℃的冷藏库中贮藏即可。柿果最好在装袋前先经防腐处理，如果未经防腐处理，可在装袋后，在袋口放一块吸附有0.6毫升仲丁胺的棉纱作熏蒸防腐。据测定，采用上述方法能确保包装袋内二氧化碳与氧的比例达2∶1，持续一个月时间。采用此法处理既能脱涩，又能保持果实脆度，使贮藏期达到80天以上，甜脆果率达90%以上。若需提早脱涩上市，短期贮藏，可加大二氧化碳的比例，即增加还

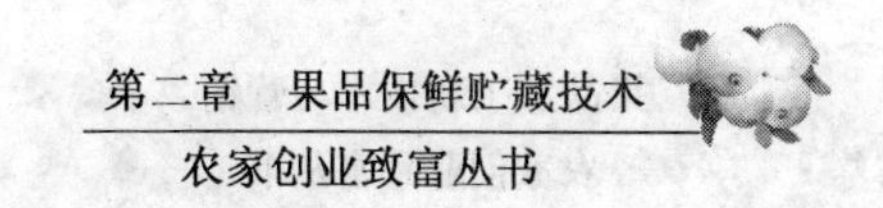

原铁粉的量或适当提高贮藏温度。

(4)无公害药剂贮藏

①吸附剂贮藏。富士甜柿采摘后，用0.06毫米聚乙烯塑料薄膜袋包装，每袋装果15千克，放入颗粒状活性炭100克、消石灰100克、氟石100克。这三种吸附剂分别用透气性好的布袋装好，再封入塑料袋内，装入普通纸箱在0℃下贮藏，3个月后失重率仅为0.8%，病害率为2%。

②保鲜剂贮藏。用西北农业大学园艺系研制的柿果保鲜剂Ⅱ-7，按使用说明处理柿果，再存放于0.02毫米厚的聚乙烯薄膜袋中，保鲜效果较好。

(5)冻藏　冻藏的方法分自然冻藏和机械冻藏两种。自然冻藏即在寒冷的北方地区，将柿果置于0℃以下的冷凉处，使其冰冻，冻后将其堆架于室外，可贮至春暖化冻时节。机械冻藏即将柿果置于－20℃冷库中放置24～48小时，待柿果完全冻硬后再放入－10℃冷库中贮藏。

(6)简易气调贮藏　柿果可采用0.06～0.08毫米厚的聚乙烯薄膜或硅窗(硅窗面积0.5～0.8平方厘米/500克)，进行简易气调贮藏。由于柿果对二氧化碳和低氧有较高的耐受性，因此，可采用高二氧化碳(15%～20%)，温度控制在－1℃～0℃进行贮藏。这样可贮藏2～3个月，柿果清脆可口，并能完全脱涩。但柿果对乙烯敏感，少量的乙烯也能使柿果软化，若贮藏袋内放一定量的乙烯吸收剂，效果更好。

2. 脱涩方法

涩柿多含可溶性单宁物质，涩味重，采后不能立即食用，必须经过人工脱涩，方可食用。涩柿脱涩后有软硬之分，故脱涩方法也不同。

(1)脆柿脱涩方法

①冷水脱涩。将柿果装入箩筐，连筐浸入水池或塘内，让水

淹没柿果，5～7 天后即可脱涩。或将柿果倒入缸内，加冷水淹没柿果，同时在水中加入芝麻秆、柿叶等，一般 100 千克冷水加 3～5 千克芝麻秆、柿叶，最上面覆盖稻草，并及时换水，保持水质清洁，5～7 天后柿果即可脱涩。采收时间早，脱涩时间长；采收时间晚，脱涩时间短。气温或水温高时，脱涩时间短；气温或水温低时，脱涩时间长。

②石灰水脱涩。用缸或水池按水 100 千克、生石灰 10 千克的比例配成石灰水，在石灰水温和时将柿果放入，水以淹没柿果为度，然后密闭缸或水池，经 3～4 天即可脱涩成脆柿，但果皮附一层石灰，不太美观。

③二氧化碳脱涩。将柿果装入可以密闭的容器或塑料薄膜袋内，容器或袋上下方各设一个小孔，二氧化碳气体由下方小孔逐渐注入，然后把火柴点燃放到上方小孔，其排出的气体把火熄灭时，表示容器内已充满二氧化碳，就可将两孔塞住。脱涩时间长短依品种及二氧化碳浓度而异，温度控制在 25℃～30℃，经 2～6天即可脱涩。如果在容器中再加入少量酒精，则能加速脱涩。脱涩完成后立即取出柿果放通风处，待刺激性气体挥发后方可食用。此法操作简单，处理量大，适宜大批量脱涩，但需要一定设备。

④温水脱涩。在缸内装入柿果，装至容量的 70%，然后倒入 40℃左右的温水，将柿果淹没，封闭缸口，并加盖覆盖物或加热保持温度，经 15 小时左右，待缸中的水起白沫时，柿果已脱涩。温水脱涩的关键是控制适宜的水温。水温过低，脱涩时间长；水温过高，易烫裂果皮，果肉呈水渍状，果色变褐，影响品质。

(2)软柿脱涩方法

①酒精脱涩。使用能密闭的容器，先在底部洒入少许稀酒精，然后铺垫稻草等，将柿果装入容器。也可将稀酒精喷到每层柿果表面，密闭容器。酒精用量是每 100 千克柿果用 35%的酒精

0.8～1 升，也可用 50°～60°烧酒代替酒精，一般容量为 25～40 千克的缸用烧酒 250 克，处理温度为 20℃时，需 5～8 天可脱涩。

②混果脱涩。将柿果装入缸等容器内，每 100 千克柿果配放 5～10 千克成熟的山楂、鸭梨、猕猴桃或苹果等进行分层混放，然后密闭缸口，利用成熟的苹果等水果产生的乙烯来改变柿果的呼吸作用，在 25℃的室温下经 3～7 天，柿果便可脱涩。如不用山楂等水果，也可用新鲜松针。

③熏烟脱涩。柿果置于密闭烘房内，燃烧柴草枝叶等物，烟熏 36～48 小时，烘房保持 20℃～25℃的温度，经 2 天即可脱涩，然后取出柿果，放在通风处，散尽烟气即可食用。此法成本低，经脱涩的柿果色泽鲜艳，肉质柔软，但有一定烟味。

第三章 果品干制加工技术

第一节 果品干制的原理和工艺

一、果品干制的原理

果品水分含量很高，一般为70%～90%，很容易被微生物利用，使果品腐败变质。果品干制就是借助热能和干燥介质把果品中的大部分水分排除，使可溶性物质提高到不适合微生物生长的程度。另外，果品在干制过程中，经过热烫、熏硫或亚硫酸处理再加上干燥，能更好地抑制微生物和果实中酶的活动，达到长期保存的效果。

二、果品干制的工艺

1. 工艺流程

原料选择→清洗→整理→护色处理→干燥→后处理→包装、贮藏→成品

2. 操作技术要点

(1)原料选择 要求果品干物质含量高，肉质厚，组织致密，粗纤维少，风味色泽好，不易褐变。常见果品干制原料要求和适宜品种见表3-1。

(2)清洗整理 人工清洗或机械清洗，清除泥沙、杂质、农药和微生物，保证产品的卫生，然后进行去皮(壳、核)，再将原料切

分成一定大小和形状，以便水分蒸发。

表 3-1　常见果品干制原料要求和适宜品种

种类	原料要求	适宜品种
苹果	果形中等，肉质致密，皮薄，单宁含量少，干物质含量高，充分成熟	金帅、小国光、大国光等
梨	肉质柔软细致，石细胞少，含糖量高，香气浓，果心小	巴梨、仕梨、茄梨等
葡萄	皮薄，肉质柔软，含糖量在20%以上，无核，充分成熟	无核白、秋马奶子
桃	果形大，离核，含糖量高，粗纤维少，肉质细密而少汁液，以香气浓郁的黄肉桃为好，成熟度以果实稍软时采收为宜	甘肃宁县黄甘桃、砂子早生等
杏	果形大，颜色浓，含糖量高，水分和纤维少，香气浓，充分成熟	河南荥阳大梅，河北老爷脸、铁吧嗒、新疆柯尔克孜苦曼提等
枣	果个大，核小，皮薄，肉质肥厚致密，含糖量高，干燥率小	山东乐陵金丝小枣，山西稷山板枣，河南新郑灰枣，浙江义乌大枣等
柿	果形大且圆正，无沟纹，肉质致密，含糖量高，种子小或无核，成熟但肉质坚硬时采收	河南荥阳大柿、山东菏泽镜面柿、陕西牛心柿、尖柿、福建古田桃园柿、山虎裳、枣柿、广西月柿（水柿）等
荔枝	果形大而圆正，肉厚核小，干物质含量高，香气浓，涩味少，壳不宜太薄，以免干燥时破裂或凹陷	糯米糍、槐枝等
龙眼（桂圆）	果形大而圆正，肉厚核小，干物质或糖分含量高，果皮厚薄中等	大乌圆、乌龙岭、油潭本、普明庵等

(3)护色处理　护色处理分为硫处理护色和烫漂护色，通常以采用硫处理护色居多。硫处理常采用两种方式：

①如图 3-1 所示，用一种简易的香蕉熏硫装置，在熏硫室中燃烧硫黄进行熏蒸。

②将原料在 0.2%～0.5%（以有效二氧化硫计算）的亚硫酸溶液中浸渍。

熏硫的效果比浸硫要好。果品制干工艺普遍使用熏硫处理，因为它对制品有良好的护色作用，使用方便经济，在干制品中的残留可通过加热烹调使其挥发减少。

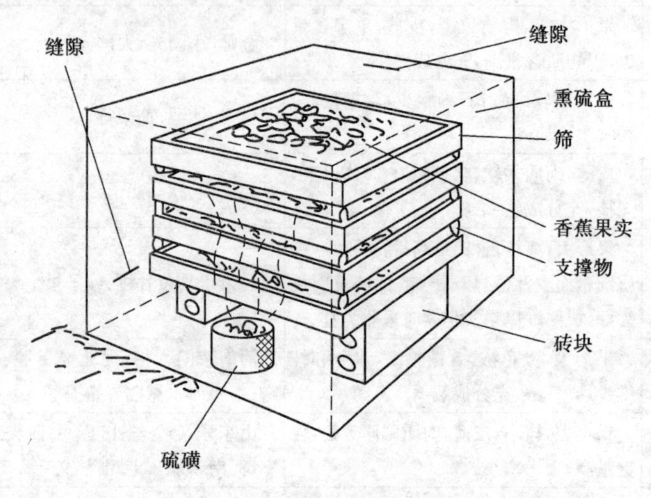

图 3-1　简易的香蕉熏硫装置

烫漂（又称为热烫、预煮等）是一种短时热处理及迅速冷却的过程，是最常用的控制酶褐变的方法。其基本作用是钝化酶活性，保持原料的色泽和风味；排除原料组织中的空气；破坏原料细胞结构，利于糖水渗透；杀灭原料表面大部分微生物和虫卵；去除一些异味等。

常用的热烫方法有沸水和蒸汽两种。热烫过程中，水温要保持95℃～100℃。为保持绿色果品色泽，常在烫漂水中加入碱性物质，例如葡萄干常用碳酸钾、氢氧化钠和植物油混合液、亚硫酸盐与植物油的混合液进行烫漂。热烫时间尽量缩短（通常为 2～5 分钟）。热烫后，立即取出原料，用冷水或冷风进行冷却，防止热烫过度。热烫一般以过氧化物酶失活的程度来检验热烫是否适当。方法是将经热烫的原料切开，在切开面上分别滴 0.1%愈创木酚或 0.5%联苯胺和过氧化氢。若变色（褐色或蓝色），则热烫不足；若不变色，则表示酶已失去活性。

(4)干燥　原料干制前要沥干水分。生产上常用振动筛和离心机脱水。果品干制分自然干制和人工干制两大类。

①自然干制。利用太阳辐射、热风、晒干和风干等使果品干燥。其中晒干和风干的优点是简单易行，成本低，缺点是干燥速度缓慢，难以控制，且受气候的限制。图3-2为香蕉晒制装置。

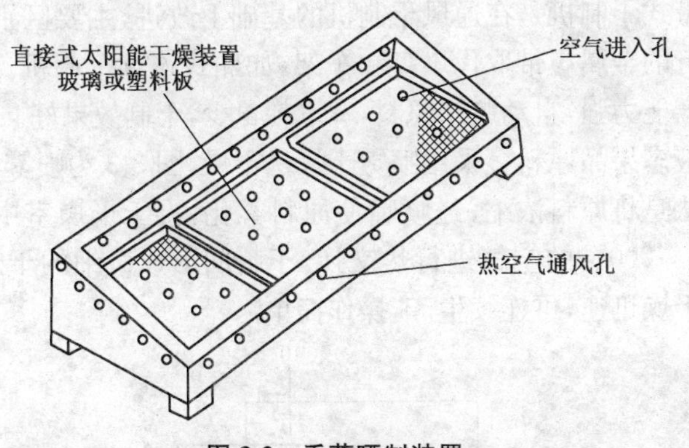

图3-2　香蕉晒制装置

②人工干制。人工干制方法很多，有烘制、隧道干制、滚筒干制、泡沫干制、喷雾干制、溶剂干制、薄膜干制、加压干制，以及冷冻干制等。

烘房适于大量生产，干制效果好，设备费用较低，可在农村果品集中产区推广使用。烘房包括加热设备（火炉、火道和烟囱）、通风排湿设备（进气口和排气窗）、装载设备（烘盘和烘架等）。烘房结构要求墙壁不透风、不漏气，具有保温性能。

隧道（通道）式干制机是指干燥室为一狭长隧道形的空气对流式干制机。地面上铺轨道，装载待干制的原料车；沿轨道以一定速度向前移动而实现干燥。干燥间一般长为12～18米，宽为1.8米，高为1.8～2.0米。干燥间的侧面有一加热间。加热间内装有加热器和吹风机，推动热空气进入干燥间，使果品水分受热蒸发，蒸发出的湿空气一部分自排气孔排出，一部分回流到加热间循环加热。

滚筒式干制机的干燥面是由一个或两个表面光滑的钢质滚筒构成，滚筒直径 20～200 厘米，中空。滚筒内部通有热蒸汽或热循环水等热介质。一般液体或稀浆状、泥状食品原料均可采用滚筒干燥。

带式干制机是在通风干制机的基础上改进，主要区别是用循环运行的金属履带取代烘盘和车架，如厢式连续干制机。此机连续生产能力强，自动装卸原料，蒸汽耗量少，干制效果好。

液态果品原料多采用喷雾干燥法干燥，图 3-3 为喷雾干燥机。该方法是将原料浓缩，经喷嘴使原料雾化，再于干燥室中与温度 150℃～200℃的空气进行热交换，于瞬间形成微细的干燥粉粒。该法干燥迅速，可连续生产，操作简单。

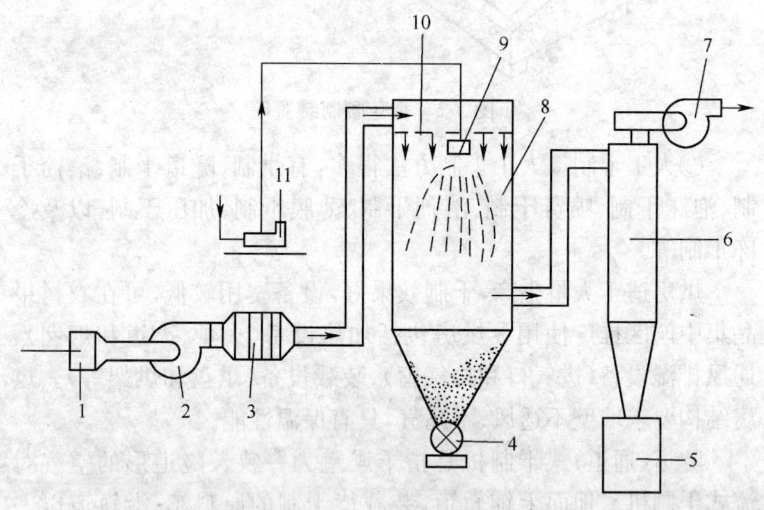

图 3-3 喷雾干燥机

1. 空气过滤器 2. 送风机 3. 空气加热器 4. 旋转卸料器 5. 接收器 6. 旋风分离器 7. 排风机 8. 喷雾干燥室 9. 喷雾器 10. 空气分配器 11. 料泵

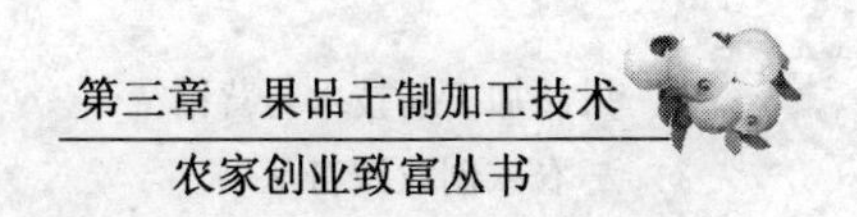

远红外干燥器是利用远红外辐射元件发出远红外线，加热原料，使原料温度升高，水分快速蒸发，达到干燥的效果。远红外干燥器具有穿透率高、干燥速度快、生产效率高、节约能源、设备规模小、建设费用低等优点。

微波干燥器是微波加热器应用在干燥上是一门新技术。此干燥器优点是干燥速度快，干燥时间短，微波能深入原料的内部，加热均匀，果制品质量高，风味好，设备占地面积少等。缺点是电能消耗大。

冷冻干燥又称为真空冷冻干燥。先将含水果品原料冻结至冰点以下，使水分变为固态冰，然后在高真空环境下，将冰直接升华为蒸汽而排出。冷冻干制对产品质量(色泽、风味)、营养成分及质地保持得最好，且制品具有理想的速溶性和快速复水性，非常适合制方便食品的配料果蔬。但冷冻干燥生产成本很高，设备投资费用和操作费用都很高。

(5)后处理　果品原料完成干燥后，有些可以在冷却后直接包装，有些则需经过回软、挑选、防虫等处理才能包装。

①回软。又称均湿或水分的平衡。干制后的果品水分含量不匀，一部分可能过干，也有一部分可能干燥不够。若干燥完立即包装，则表面部分易从空气中吸收水汽，使含水量增加，导致成品败坏。所以，干燥后冷却的果品需放进密闭的室内或容器内堆放1～3天，使其回软后水分平衡，质地柔软。

②挑选。回软后或回软前剔除不合格产品和产品中的碎粒、杂质。挑选操作要迅速，以防产品回潮。挑选后，还需进行品质和水分检验，对不合格品需进行复烘。

③防虫。干制品容易遭受虫害，所以，必须进行防虫处理，以保证贮藏安全。

物理防虫法分低温杀虫、高温杀虫、辐射杀虫、气调杀虫四种方法。低温杀虫是要求有效温度－15℃下，杀死害虫，这种条件一般较难实现；高温杀虫是将干制品在温度为75℃～80℃下处理10～15分钟后，立即冷却；辐射杀虫是用同位素钴-60的γ射线照射产品，而使害虫细胞遭受破坏而死亡，这种射线能量高、穿透力强、杀虫效果好、比较经济，被许多国家所采用；气调杀虫是利用降低氧的含量（氧浓度降低到4.5%以下），使害虫窒息死亡。气调杀虫法不具残毒，便于操作，是一种新的杀虫技术，有广阔的发展前景。

化学药剂防虫法：多采用熏蒸剂杀虫，常用二硫化碳、二氧化硫、氯化苦（熏蒸时忌使用金属器具，制品要充分干燥）、溴代甲烷等。

(6)包装贮藏

①包装。经后处理的制品要尽快包装。其包装要求是防止脱水制品吸湿回潮。包装材料在常温相对湿度为90%的环境下，6个月内水分增加不超过1%；要避光和隔氧，要符合食品卫生要求。一般采用纸箱、木箱包装，箱内套衬防潮铝箔袋和塑料袋密封。对于易氧化褐变的产品，需用复合塑料袋加铝箔袋盛装，并在包装内附装除氧剂。每箱净重20～25千克，若零售包装每个单品重量为100克、250克，再用纸箱或木箱外包装。

②贮藏。产品包装后，要在10℃左右的冷库中贮藏；贮藏库要求相对湿度最好在65%以下，空气越干燥越好。干制品遇光线会变色并失去香味，还能破坏维生素C。因此，除干制品避光包装外，还要求避光贮藏，同时，贮藏库应注意通风，并做好防鼠工作。

第二节　常见果品干制实例

一、龙眼干加工

龙眼干又称为桂圆干，营养丰富，是为广大消费者所欢迎的滋补品，在全国各地有很大的消费市场。

(1)工艺流程　原料选择→剪粒→清洗→过摇→初焙→均湿→复焙→剪蒂→分级包装→成品

(2)操作技术要点

①选料处理。选择新鲜、充分成熟、无病虫害、无霉烂、果粒完整的龙眼果做原料。把果粒从果穗上剪下，留梗长度为 1.5 毫米，剔除破果、烂果做原料。将龙眼果放在竹箩中，浸入清水 5～10 分钟，洗净果面灰尘和杂质。

②过摇。将浸湿的果倒入特制摇笼，每笼约装 35 千克，在摇笼内撒入 250 克干净的细沙，将摇笼挂在特制的木架上，由两人相对握紧笼端手柄，急速摇荡 6～8 分钟，使龙眼在笼中不断翻滚摩擦，待果壳转棕色干燥时即可。过摇的目的是使果壳变薄变光滑，便于烘干，但不能把果壳磨得太薄，否则，在焙干时，果壳易凹陷。

③初焙。将龙眼均匀地铺在焙灶上。一般灶前沿多放些，灶后沿少放些。每个焙灶每次可焙龙眼 300～500 千克，燃料可使用木炭或干木柴，温度控制在 65℃～70℃，焙烤 8 小时后翻动一次。将焙灶里的龙眼果分上、中、下起焙，即将上、中、下层龙眼分别装入竹箩筐中，然后先把原上层龙眼倒入焙灶，耙平，再倒入中层的，最后倒入下层的。8 小时后，进行第二次翻动，方法同第一次，再经 3～5 小时烘焙后可起焙，散热后装箩存放。

④均湿。初焙的龙眼经 2～3 天堆放，果核与果肉水分逐渐向外扩散，果肉表面含水量比刚出灶时增多，故需复焙。

⑤复焙。此次烘焙须用文火(温度控制 60℃左右)，时间约为 1 小时，中间翻动 2～3 次。当用手指压果时，无果汁流出，剥开果肉后果核呈栗褐色时即可出焙，出焙后需进行 24 小时的散热。

⑥剪蒂分级。用剪刀剪去龙眼干的果梗，并将焙干的龙眼果粒过筛，按大小分级。

⑦包装。生产上常用密封性较好的胶合纸箱包装，内衬塑料

薄膜,边装箱边摇动使装填充实,每箱约装 30 千克,最后将塑料袋口密封,钉紧箱盖。

(3)质量要求 好的龙眼干外观颗粒圆整,大小均匀,壳呈棕黄色;壳硬但手捏易碎,用齿咬核核易碎且有声响;肉质厚实,色黄亮,果肉表层有极细致的皱纹,手触果肉不粘手,肉与核易分离,味甜且带龙眼的清香,果肉含水量在 15%~19%。

二、荔枝干加工

(1)工艺流程 原料选择→护色处理→干燥→包装→成品

(2)操作技术要点

①原料选择。选择果肉厚、核小、含糖量高、果皮厚、成熟度为八九成(果皮 85%转红、果柄部位仍带有青色熟)、新鲜、无病虫害、无霉烂的荔枝做原料。

②护色处理。将荔枝浸泡在 2%焦亚硫酸钠、0.5%柠檬酸溶液中约 15 分钟时间,或将荔枝熏硫 20~30 分钟。

③干燥有日晒法、烘焙法、烘干法三种方法。

日晒法是将采后带枝的荔枝置竹筛中进行暴晒,每筛不能装载过多。为了便于翻筛,每筛装 17.5 千克,晒 1~2 天,待果色转至暗红后就进行翻筛,即用另一空筛覆盖在上面,进行倒置,使果翻转。此后,每隔 1 天翻晒一次,一般在中午进行翻果。约 20 天后,待果晒至 8 成干时进行剪果,除去枝梗,再拼筛。在中午时分将果筛堆叠之后用草席围起来,以便回湿(让壳内水分向外转移,使干燥均匀)至翌日清晨再移开暴晒。重复 3~4 天,晒至果核一锤即碎为止。干燥过程为 30~40 天。大核种的荔枝暴晒时间稍长。如遇阴雨天需叠筛,用雨具盖好或转至焙炉烘烤,以免发霉。

烘焙法是在烘灶顶部竹笪上摊放新鲜荔枝约 15 厘米厚,荔枝要求先摘除枝叶、果柄,剔除裂果和病虫果。烘床的底部先铺一层谷壳或木糠,以备控制火候时用,然后铲入已点燃的木炭,均匀地堆成两行，每隔 1 米堆放一堆。也可改用煤球。这时，烘炉设在焙灶的一端，点燃后，用鼓风机或在炉的另一端增建烟囱进行抽气，尽量利用热能使温度均匀。具体做法如下：

杀青：控制温度在 90℃～100℃，保持 18～24 小时。其间翻动2～4次。让荔枝受热均匀。当果肉呈象牙色，即可起炉，以草席等围住回软，再保存 3～4 天。

第一次翻焙：将经过杀青的荔枝再上炉，温度控制在 70℃～80℃（过高温度可用铺底的谷壳或木糠覆盖部分木炭），保持 24 小时，每隔 4～5 小时翻转 1 次；完成后再起炉，以草席围住回湿；这时，可多存放几天，准备进行第二次翻焙。

第二次翻焙：温度控制在 60℃左右，火力要均匀，可用瓦片遮盖火苗，6 小时翻动 1 次，烘至果核一锤即裂为止。

烘干法是采用烘房或隧道式热风干制机进行干燥，初期温度控制在 80℃～90℃，保持 4～6 小时；后期温度控制在 60℃～70℃，时间保持 24～36 小时。每干燥 8～12 小时，需回湿 4～6 小时，干燥与回湿时间比例约为 2∶1。

④包装：先用复合塑料袋包装，每袋重量可为 0.25 千克、0.5 千克、1 千克，再用纸箱进行外包装。

(3)质量要求　好的荔枝干果皮赤红色，自然扁瘪，不破裂；果肉呈蜡黄色，有光泽；口味清甜可口，有浓郁荔枝的风味，含水量 15%～20%，干燥率为 3∶1～4∶1。

三、香蕉干加工

(1)工艺流程　原料选择→催熟→剥皮→切分→护色→干制→回软→包装、贮藏→贮存→成品

(2)操作技术要点

①原料选择。选用果实饱满、无病虫害、无霉烂的香蕉做原料。为了减少损耗、增加效益，也可利用保鲜时淘汰的过大或过

小的香蕉做原料。

②催熟。按香蕉保鲜贮藏中催熟的方法(乙烯催熟或乙烯利催熟)进行催熟,等到果皮由青转黄、果肉变软、有浓郁香味时使用。

③剥皮切分。用人工剥皮,在剥皮的同时用不锈钢小刀或小竹片剔除果肉周围的筋络,去除香蕉的涩味,否则影响成品的风味。为方便香蕉干燥,通常把较大的香蕉果肉纵切成两半,小的香蕉不切,保留整条形状。

④护色。香蕉富含单宁物质,在剥皮和切分后蕉肉暴露在空气中,遇氧气很容易褐变,同时还易受微生物的侵染,致使香蕉腐烂变质。因此,剥皮后的香蕉要尽快进行护色处理。

香蕉护色主要采用熏硫黄的方法,不但起护色作用,还具杀菌作用。将剥了皮、切分好的香蕉排放在竹筛上或不锈钢筛网上,放入熏硫室中进行熏硫处理。具体方法是:将硫黄粉均匀撒在木屑或木炭上,点燃助燃物,使硫黄粉慢慢燃烧。每吨原料使用1.5千克硫黄粉,熏蒸30分钟。然后打开室门排尽二氧化硫。

⑤干制。利用热能和电能脱除香蕉果中部分水分。干制的方法分为自然干燥法和人工干燥法。自然干燥法是利用太阳能来晒制香蕉干;人工干燥法目前生产上多采用烘房干燥。烘房由烘焙室、加温炉、通风排湿烟囱等组成。将护色处理的原料均匀放于竹筛,注意切口向上,送进烘房干燥。干燥初期温度控制在50℃～60℃,后期控制在60℃～65℃。干燥时注意换筛、翻转等的操作,使香蕉含水量达15%～20%。

⑥回软。将干燥的香蕉放在密闭库或密闭的容器里,回软2～3天,使香蕉制品水分相互转移达到平衡,同时还可使其质地柔软,改善口感,方便包装。如发现含水量超出要求时可进行回炉,再作包装,这样有助于保存。

⑦包装。使用密封、防潮的塑料薄膜、锡薄或两种复合制品

作内包装。外包装用纸箱或木箱。若采用抽真空包装或充氮排氧包装则更佳。产品可存放于干燥、避光、卫生的低温冷库中贮藏。

(3)质量标准　好的香蕉干呈浅黄色或金黄色，大小均匀，具有浓郁的香蕉风味，含水量为15%～20%。

四、芒果干加工

(1)工艺流程　原料选择→清洗→去皮切片→护色→烘干→均湿→包装→成品

(2)操作技术要点

①选料、清洗。选择新鲜饱满、色泽鲜黄、果肉厚、肉质细嫩、干物质含量高、纤维少、核小而扁薄、风味浓的芒果做原料。成熟度以八九成熟为宜。剔除病虫害、霉烂、机械伤及成熟低和风味差的芒果。用流动水清洗芒果，洗净芒果表面灰尘、杂质，并进一步剔除不合格品，按大小分级装进塑料筐内，沥干水分。

②去皮切片。用不锈钢刀人工削去果皮，去除斑疤，要求表面修削得光滑，无破碎，果皮必须削干净。因果皮中含的单宁物质较多，如未削净，在加工中容易产生褐变，影响成品色泽。去皮后，用锋利的刀片将果实纵向切片，厚度为8～10毫米。残留的果肉可送去打浆制汁。

③护色处理。可采用熏硫或浸硫的方法进行护色处理。熏硫法是在密封室中燃烧硫黄。每吨原料使用硫黄粉2～3千克，时间为30分钟。浸硫法是用1.5%～2.5%亚硫酸盐浸泡原料，时间约为15分钟。捞起后，用清水冲洗，沥干水分。

④烘干。将护色处理后的原料均匀放于烘盘，放入烘干机内进行干燥。干燥初期温度控制在70℃～75℃，后期控制在60℃～65℃。干燥过程中，注意倒换烘盘、翻动原料及回湿等的操作。

⑤均湿包装。待芒果制品干燥达到含水量15%～18%时，将

其置入密闭容器中回软，时间为2～3天，使其含水量均衡，质地柔软，方便包装。目前多采用高阻隔的透明复合薄膜袋进行内包装。包装规格主要有50克、100克、200克等小包装及20～25千克大包装等，再用纸箱进行外包装。芒果干贮藏过程中易氧化变质和褐变，最好能冷藏。

(3)质量要求 好的芒果干呈橙黄色或淡黄色，大小厚度均匀，具有浓郁的芒果风味，含水量为15%～18%。

五、桃干加工

(1)工艺流程 原料选择→清洗→切分→去核→热烫→熏硫→干燥→回软→包装→成品

(2)操作技术要点

①原料选择。以选用果形大、含糖量高、香气浓、纤维少、肉质紧厚、果汁较少的为好。果实应形状整齐，成熟度为八九成，新鲜，无虫蛀，无腐烂。

②清洗。用流动清水洗净桃果表面的灰尘泥沙，再把桃毛刷掉。

③切分去核。用不锈钢水果刀将果肉切开，双手握果向相反方向掰开，用挖刀除去果核。

④热烫熏硫。将经过切分去核处理的桃在沸水中漂烫5～10分钟，捞起，沥干水分。然后将桃片切面向上排放在晒盘内，送入熏硫室，熏硫4～6小时。每吨鲜果需硫黄3千克。

⑤干燥回软。将熏硫的果片放到竹匾上，在烈日下暴晒，经常翻动以加速干燥。当晒至6～7成干时，放阴凉处回软2～3天，再重新日晒，一直晒到完全干燥时为止。这时，水分含量宜在15%～18%；也可采用烘干法，将果片放入烤盘上，送进烘房，温度控制为55℃～65℃，相对湿度为55%左右。这样的湿度条件可防止桃片表面硬结。在烘干末期，相对湿度降为25%～30%。

整个烘干时间为24～30小时，成品含水量不超过18%。

烘干后，先除去不合格桃片，然后将合格品放入密闭贮藏室内，回软三周时间，使其水分均匀，质地柔软。

⑥包装。按照市场需求，用食品塑料袋进行包装，外包装用纸箱。

(3)质量要求　好的桃片表面色泽金黄色，肉质紧密，质地脆韧，无杂质，有桃的芳香味，含水量约在15%～18%。

六、李干加工

(1)工艺流程　原料选择→浸碱处理→清洗→整理→干制→包装→成品

(2)操作技术要点

①原料选择。选择大小中等、果皮薄、肉质致密、纤维少、含糖量在10%以上(折光仪计)、核小、果肉呈黄绿色、八成熟的果实做原料。剔除病虫果、霉烂果。

②浸碱处理。先用清水洗净、沥干，然后进行浸碱处理，以除去李果表皮的蜡质，便于进行干燥。碱液浓度及浸碱时间依原料品种、成熟度的不同而异。使用氢氧化钠时，浓度为0.25%～1.5%，时间为5～30秒。浸泡时间不宜过长，以免造成果皮破裂或脱落。浸碱良好的，果面有极细的裂纹。

③清洗、整理。原料浸碱后，捞出沥干立即用清水将果面残留碱液洗净。将洗净的李果根据大小分别放置到晒盘上。晒盘上只放一层李果，便于蒸发水分。

④干制。分为自然干制和人工干制两种方法。自然干制是将晒盘置阳光下，晒成7成干时，(若天气晴朗，需4～5天)将晒盘叠置阴干。大果品种需在暴晒3～4天后翻动1次，以防变质或黏在晒盘上。

人工干制是将浸碱洗涤干净的李果放到烘盘上，送进烘房，装置量 12～14 千克/米²，初期温度控制在 45℃～55℃，以后逐渐升至 70℃～75℃，干燥时间为 20～30 小时，干燥率一般为 3∶1。

⑤包装。干制后的成品分级挑拣后装入衬有防潮材料的果箱中，移到贮藏室回软。回软期需 14～18 天。

(3)质量要求 干燥适度的李干果肉柔韧而紧密，富有光泽，不发霉，含水量为 12%～18%。

七、柰干加工

(1)工艺流程 原料选择→浸碱→漂洗→干制→包装→成品

(2)操作技术要点

①原料选择。选择充分成熟、无病虫害的柰果做原料。

②浸碱、漂洗。为去除柰果表皮的部分蜡质，加速干燥过程，需进行浸碱处理。将柰果用浓度为 0.75%～1.5%沸腾的氢氧化钠溶液浸泡 10～30 秒，待柰果表面产生极细的小裂纹时即可取出。浸碱时间不宜过长，以免造成果皮破裂或脱皮；若浸碱时间不足，果面蜡难以去除，裂纹未产生，不易干制。最后用清水洗去碱液。

除采用浸碱外，还可以在柰果中加少量细沙，置于竹篓中摇动，使细沙与果皮摩擦，使果面产生细小裂纹。

③干制。分人工干制和自然干制两种方法，干燥率为 4∶1～5∶1。人工干制是将原料按大小不同分别置放在烘干盘上，送进烘房。初期温度为 45℃～55℃，以后逐渐升至 70℃～75℃，最后相对湿度保持在 20%，干燥时间为 20～36 小时，中间翻动 1～2 次。原料不能摊放得过厚，初温不宜过高。自然干制是将原料置于晒盘上，在阳光暴晒 4～6 天，晒至 7 成干时将晒盘叠置阴干。较大的柰果原料应在暴晒 2～3 天后，翻动一次，以防变质和黏盘。

④包装。果品制干后，经分级挑选，装入防潮的食品塑料薄膜袋，再放入纸箱中。贮藏回软需要 15～20 天。

(3)质量要求　果肉柔软而紧密，富有光泽，不发霉，含水量为12%～18%。

八、苹果干加工

(1)工艺流程　原料选择→清洗→去皮、去心→前护色→切片→后护色→烫漂→干制→回软→分级→包装、贮藏→成品

(2)操作技术要点

①选料处理。用于制干的苹果品种以选择晚熟或中晚熟品种为宜，挑选中等大小、肉质致密、含糖量高、酸度大、皮薄肉厚、含单宁物质少、干物质含量高、且充分成熟的苹果做原料，剔除烂果、病虫害果、伤残果。为除去果皮上的农药，将选用的苹果放进0.5%～1.0%稀盐酸溶液中浸泡3～5分钟后，用清水洗干净然后去皮。去皮方法有手工或机械去皮，或使用脱皮剂去皮，可根据条件选用。去皮后的苹果用不锈钢刀对半切开，挖去果心。

②护色切片。将切好的苹果迅速浸入3%～5%的盐水中护色，防止氧化变褐，时间为数分钟即可。将去心后苹果横切成8～10毫米厚的环状薄片，也可切成瓣状，可根据条件选用手工或机械进行切片。再将果片送入熏硫室熏制15～30分钟，进行后护色处理。每1000千克苹果用硫黄2千克。

③烫漂、干制。用热蒸汽蒸烫2～4分钟，然后将果片送入烘房或烘干机中进行干制。采用隧道式烘干机，初期温度为75℃～80℃，以后逐渐降至50℃～60℃(顺流干燥)，或初期温度60℃，最后温度74℃(逆流干燥)。干燥时间需5～8小时，干燥率为6∶1～9∶1，成品含水量为18%～20%，即成品用手紧握再松手时，不会相互黏结而富有弹性为宜。

④回软、分级。回软又称发汗，其目的是使苹果制品水分分布均匀，品质一致。将干燥成品堆放在密闭的容器或房间里，温度控制在35℃～45℃条件下，处理3～5天，然后进行分级。常用

的方法是筛分，将果干分为标准品、等外品或废品等，以达到销售要求。

⑤包装、贮藏。包装好坏关系到苹果干的寿命。生产出来的产品要及时包装，包装品要具备良好的气密性、遮光性、防潮性和防病虫害性能。可用塑料食品袋或复合食品袋进行防潮包装，袋内的空气要排净密封后，再装入纸箱内。包装后，苹果干应低温贮藏，一般温度要求 0～4℃，相对湿度 55%～60%，也可冻结贮藏。据试验，温度在 0℃条件下贮藏，其保质期可达到 1 年，温度每升高 5℃，果干寿命缩短一半。所以，产品包装后，要及时进入冷库贮藏。

(3)质量要求　好的苹果干色泽鲜明，片块完整，肉质厚，有苹果清香，不霉变，无虫蛀，无其他杂质，用手紧握时互不粘连，且富有弹性。含水量 18%～20%(含水量过高易受病虫害侵蚀，含水量过低则口感太干)，含硫量不得超过 0.05%，不结壳，不焦化，并具备酥、脆、甜的品质。

九、苹果脆片加工

苹果脆片又称蓬松型苹果干，是近年欧美、日本、中国台湾等地流行的一种休闲食品。由于苹果脆片能保持其鲜果的色、香、味，口感酥脆，故备受消费者青睐。苹果脆片根据生产工艺不同又分为冷冻干燥苹果脆片、低温真空油炸膨化和低温气流膨化苹果脆片等。

1. 冷冻干燥苹果脆片

(1)工艺流程　原料选择→清洗→去皮去心→护色→切片→护色→速冻→干燥→充气→包装→成品

(2)操作技术要点

①原料选择、清洗、去皮和去心、护色的方法与苹果干的加工处理要求相同。

②切片护色。将经过一次护色处理的苹果，沿苹果的轴向垂直切为6毫米厚的片状，然后再进行一次护色处理。将苹果切片迅速浸入3%～5%的盐水中护色，防止氧化变色。

③冷冻干燥。将经过二次护色处理的果片放入盘内送进冷库进行冷冻。一般盘内只放一层果片，果片冻结后，放入冷冻干燥机内进行干燥，干燥到含水量为2%，需15～20小时。干燥结束后，先用氮气充入干燥室以防空气中的水蒸气或氧气进入果片中，然后再打开干燥室的门。

④充气包装。充氮包装之前，先将容器内的空气排出，然后再充入氮气，容器内氧气的残留量为1%～2%。真空包装所使用的容器具有气密性和一定的强度。蓬松脆片不能承受大的压力。

2. 真空油炸苹果脆片

(1)工艺流程　原料选择→清洗→去皮、去心→护色→切片→护色→脱水→真空油炸→脱油→包装→成品

(2)操作技术要点

①原料选择、清洗、去皮和去心、前护色、切片、后护色、脱水与冷冻干燥苹果脆片相同。

②真空油炸是加工真空油炸苹果脆片的关键环节。将苹果片放入原料筐后，一并放入油锅内，密封油锅并抽真空。油温为90℃～95℃，真空度为84～95千帕，时间维持10分钟。油炸时，原料筐不断地转动。

经过真空油炸的苹果，组织膨胀，营养损失少，成品具有酥脆性，复水性也较好，含油量一般小于25%，含水量小于6%。常压油炸食品的含油量为40%～50%。

将经过真空油炸的苹果进行调味包装，用0.1%柠檬酸、12%～15%糖液喷在脆片上，可增加风味。喷后稍微加热烘干即可用复合袋包装。包装时，一般先将袋和成品内的空气排出，然后充入氮气，

以防脆片在存放中吸湿软化。

③真空油炸苹果脆片的主要设备包括切片机、烘干机、真空油炸锅、脱油机和真空充氮机,生产能力一般在25～30千克/小时。

3. 低温气流膨化苹果脆片

(1)工艺流程 原料选择→清洗→去皮、去心→前护色→切片→后护色→干燥→膨化→成品

(2)操作技术要点 原料选择、清洗、去皮、去心、前护色、切片、后护色、干燥与冷冻干燥苹果脆片相同。

苹果片干燥后,使含水量降至20%～30%,然后进行膨化。膨化时,将果片放入一个密闭的容器内加热,通过加热使苹果片内部水分不断蒸发。容器内压力达到400～480千帕时,容器的阀门自动弹开,原料内的水分骤然排出,形成均匀、蜂窝状结构,与爆米花的原理相同。膨化后可进一步进行干燥,使成品的含水量降至4%～5%。这种苹果制品的复水性和口感都较好,但体积较大。为减少产品的体积,可在膨化后,将产品压成饼,再进行干燥。

(3)低温气流膨化苹果脆片特点 主要优点是不含油和添加剂,保持了苹果的风味、色泽和营养。膨化干燥与传统的干燥方法比较,果片含水量低,从20%降至3%,可节约蒸汽44%,干燥时间减少2.1倍。

十、梨干加工

新鲜梨果含水量高,不易长期贮藏保存。因此,在保持果品原有的风味条件下,进行脱水干制,便于保存,可防止腐烂变质,而且干制品体积小,重量轻,有利于运输和携带,食用方便。

(1)工艺流程 原料选择→原料处理(清洗、去皮、去心、切片、浸盐)→烫漂、熏硫→干制→包装→成品

(2)操作技术要点

①原料选择。选择充分成熟、含糖量高、肉质柔软细嫩、石细

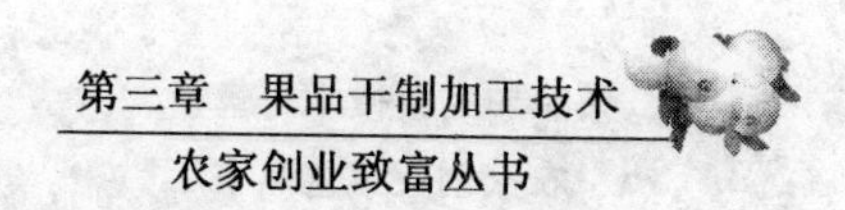

胞少、果心小、香气浓、干物质多的梨果做原料。剔除损伤、腐烂、带斑点的梨果。

②原料处理。用清水洗净所选取的梨果，再用人工或机械方法去果皮、果梗、果心，将梨果切成块状或片状。大梨切成4～8块，小梨切成2～3块。为防止切分后梨果氧化变色，可用1%～2%的食盐水浸泡或3%的含盐水喷洒表面。

③烫漂熏硫。将盐水浸泡的梨块放入开水锅内煮15～20分钟，梨块呈透明状时捞出，放冰水中迅速冷却，捞出沥干水分。煮梨的水不要更换倒掉。大约煮过3000千克梨的水，可浓缩成饴糖或梨膏25千克。

漂烫后的梨块装入盘中送入熏硫室熏硫4～8小时。每吨梨块使用硫黄粉2～3千克。熏硫后可使梨块色泽美观，呈半透明状。

④干制。分人工干制和自然干制。人工干制是熏硫后的梨果送入烤房干制，初烤时火力要大，温度要达70℃～75℃，等到水分大部分被蒸发时，温度可降至50℃～55℃。成品含水量不超过22%。自然干制是将梨果置于阳光下暴晒2～3天，再将晒盘叠置阴干，经20～40天可完成干燥，干燥率为4∶1～7∶1。

⑤包装。干燥适度的梨干应柔软，不易折断，外观良好，即可用食品袋或食品盒包装。

(3)质量要求　好的梨干形状整齐，气味清香，保持了梨的特有风味，无杂质，柔软，不易折断，含水量一般16%～18%。

十一、葡萄干加工

(1)工艺流程　原料选择→分级→清洗→整理→护色→干燥→回软→复晒(烘)→包装→成品

(2)操作技术要点

①原料选择。选用皮薄、糖分含量高、果肉柔软、充分成熟的

葡萄做原料。葡萄品种上可选择无核品种如无核白，其次为马奶子、和田红葡萄及新引进的无核黑、美丽无核、波尔莱特等品种。

②分级、清洗、整理、护色。采收后，剪去过小和损伤的果粒，将果串放在晒盘上，一般只铺放一层。若果串过大，要分成几个小串。为缩短干燥时间，加速水分蒸发，可采用碱液处理，即将葡萄浸入浓度为1.5%～4%氢氧化钠中1～5秒钟。薄皮果种也可用0.5%碳酸钠或碳酸钠与氢氧化钠混合液，浸泡3～6秒。原料浸碱后应立即用清水冲洗干净。经过浸碱处理的葡萄，可缩短干制时间8～10天。白色葡萄干制时还需用硫黄熏蒸3～5小时。

③干燥方法可分为自然风干法、晒干法、人工制干法。

在新疆吐鲁番等地区，夏秋季炎热干燥，降雨极少，昼夜温差大，日照长，适宜葡萄做自然风干处理。具体方法是将采收后的葡萄先置于阴凉处放置半天时间，使果粒、粒轴失水、萎蔫，以利于挂架。然后，将选出的果穗送入特制的凉房内，由里向外，由下而上逐架逐层挂置，并及时清除落地的果粒。凉房由专人管理，防鸟、兽、畜危害，防止风沙侵袭或挂架摇动，导致果粒脱落。当葡萄无软粒、果粒的皱褶凸起处变成白色时，应及时收起，运至晒场，利用风机除去果梗、枯叶等杂物，并拣出烂粒、褐色粒，即获得成品葡萄干。

晒干法是将葡萄装入晒盘中暴晒10天左右，部分果粒和表层干燥时，可将其反扣在另一晒盘上(翻转时勿用力过猛，以免果粒脱落)，继续晒至用手捻果粒无汁液渗出时，即可将晒盘叠起阴干一周。这样，在晴朗天气条件下，全部干燥时间共需20～25天，然后，收集果串，堆放15～20天，使之干燥均匀，同时除去果梗，即可包装贮藏。晒制果比自然风干果颜色深，一般为红褐色或黑褐色。

人工制干法是将经过浸碱处理的葡萄置于晒盘中，并送入熏

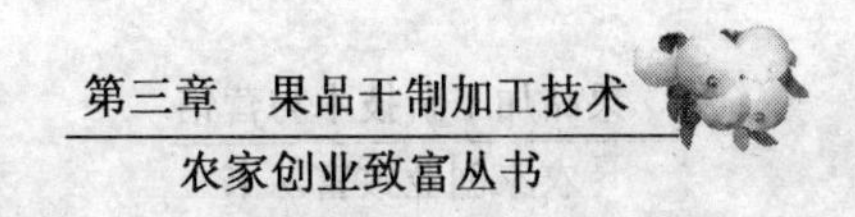

蒸室内熏硫。按每吨葡萄需用1.5～2千克的硫黄粉，将硫黄和少量木屑拌匀后点燃产生浓烟，紧闭门窗，熏蒸3～4小时后，打开门窗排出剩余二氧化硫气体。熏硫处理可以钝化果粒中的多酚氧化酶和其他氧化酶，防止葡萄产生褐变，保留果粒中的维生素。

熏硫后连盘一起移入烘房，加温烘干，初期温度保持45℃～50℃，持续1～2小时，再将温度升至60℃～70℃，持续2小时，最后将温度保持在70℃～75℃，相对湿度为25%左右，经15～20小时即可烘干。

新疆科研单位引进了快速制干新工艺。其工艺流程是鲜葡萄→浸渍乳液→自然干燥或人工干燥→成品。具体处理方法是按顺序将1升水加入3.7毫升油酸乙酯、10毫升酒精、0.6克氢氧化钾、30克硫酸钾，并搅拌配制成乳白色浸渍液，将葡萄浸入1分钟后，沥干药液，如用晒干法需5天，自然风干法需12～15天。这种方法制干速度快且效率高，目前已被推广。

(3)质量要求　干燥适度的葡萄干肉质柔软，颜色一致，具葡萄的芳香和风味，用手紧压无汁液渗出，含水量为15%～17%，干燥率为3∶1～4∶1。

十二、杏干加工

(1)工艺流程　原料选择→清洗→切分→护色→熏硫→干制→包装→成品

(2)操作技术要点

①原料选择。选择新鲜、果大、肉厚、味甜、离核、纤维少、含糖高、香气浓、果肉橙黄色、充分成熟的品种做原料。剔除病虫害、霉烂、残破果。

②清洗切分。按大小分级，洗净果面的泥沙和杂质，沥干水分。用不锈钢刀将杏果对半切开，挖去杏核(也有不切开去核，为

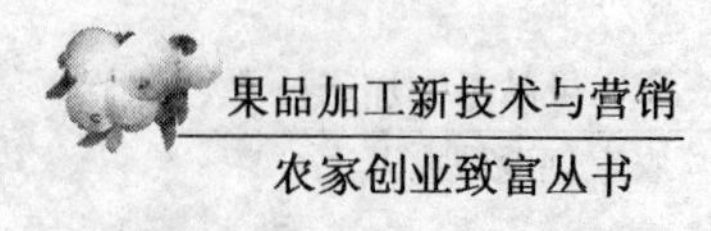

全果带核杏干),将切分后的果片切面向上排列在晒盘上,不可重叠堆放。

③护色、熏硫。将0.4%的食盐水喷洒到果面上,以防变色。将装杏果片的晒盘送入熏硫室,熏硫2～3小时,硫黄粉的用量约为鲜果重量的0.4%,熏后果实透明,核洼里有水珠。

④干制分自然干制和人工干制两种方法。

自然干制是将果片熏硫后放入晒场,在阳光下暴晒,当六七成干时,叠置回软两三天,再重新日晒至所要求的干燥度。干燥适度的杏干肉质柔软,不易折断,用手紧握后松开,彼此不易粘连,将果片放在两指间捻压,没有汁液渗出,其含水量应为16%～18%。

人工干制是将经过熏硫的杏片送入烤房,一层层排放在木架上,然后关闭门窗,生火进行烘干,开始4～6小时,室温保持40℃～50℃,然后逐渐升至70℃～80℃。随着杏片水分的蒸发和室内温度的增高,应及时将门窗和通风孔打开,排除水蒸气。在烘干过程中,烤架上下层的杏片应加以调换,使其受热均匀,争取同一批次原料在同一时间内完成烘干,烘干时间一般为24～36小时。如温度、湿度掌握不当,则会导致烘干时间延长,同时影响杏制品的色泽及品质。杏干适宜含水量为16%～18%,干燥率5∶1。

⑤包装。干燥后,成品放在木箱中回软3～4天,将色泽差、干燥不够以及破碎的拣出(另外分级),即可包装。

(3)质量要求 好的杏干为橙黄色,肉质柔软,甜酸适口,具浓郁的杏果风味,不易折断,不粘手,彼此不黏结,呈半透明状。

十三、红枣干加工

红枣营养丰富,风味浓甜,维生素C和糖分含量很高,同时,红枣中还含有芦丁,是治疗高血压的有效成分。

(1)工艺流程 原料选择→清洗→热烫→干制→冷却→包装→成品

(2)操作技术要点

①选料洗涤。选择皮薄、肉质肥厚致密、糖分高、核小的品种做原料。剔除霉烂、病虫果，用清水洗去果面灰尘、杂质，沥干水分。

②热烫。热烫的目的是减少氧化作用，提高干枣的品质。一种方法是将红枣先放入沸水中热烫5～10分钟，立即冷却，再摊开进行晒制；另一种方法是将红枣在沸水中焯一下，捞出沥干。

③干制可分为自然干制和人工干制两种。

自然干制是将热烫过的枣经冷却后放到苇席上，或晒盘上进行日晒。白天晒时要进行翻动，晚上把枣收成堆，盖上苇席，防止露水打湿。遇降雨要及时遮盖，以防枣腐烂，如此暴晒5～6天即可。

人工干制是将枣放在烘盘上，送入烘房，干燥时间一般为24小时。之后进行预热，逐步加温，在温度达55℃～60℃时，保持6～10小时，再进行蒸发，促使枣内部的游离水大量蒸发。此时，必须加大火，在8～12小时内使烘房内温度达到68℃～70℃，但不得超过70℃，以利于水分大量蒸发，应注意通风排湿。每批通风放气5～10次。通风排湿后必须关闭进气和排气口，以便保持室内温度，持续蒸发水分。后期火力不可太大，以免烤焦或造成枣干湿不匀，同时，要不断翻动烘盘，使枣受热均衡；最后对红枣进行干燥，继续保持烘房温度50℃，达6小时，火力不要过大。干燥好的产品要及时从烘房中拿出来。

④冷却。烘烤出来的枣必须注意通风散热，待冷却后方可堆积。红枣内含糖量高，在热量高的情况下枣内糖分很容易发酵变质，枣内果胶也会分解成果胶酸。为保持红枣品质，烘烤完毕后，立即进行冷却。

⑤包装。拣出破枣、绿枣、虫枣，然后进行包装。

(3)质量要求　干燥适度的干枣皮色深红，肉质金黄色，有弹性，含水量为25%～28%，干燥率3∶1～4∶1。

十四、柿饼加工

(1)工艺流程 原料选择→洗涤→去皮→干制(自然干制、人工干制)→包装→成品

(2)操作技术要点

①原料选择。选用色泽由黄橙色转为红色时采收的柿果,此时柿果已充分成熟,但肉质尚硬。如采摘过早,成熟度低,加工柿饼肉质硬、味淡、色暗、生霜少、品质差;采摘过晚,果肉变软、削皮困难、加工易破损。要选择果直径大于5厘米的大果,无病虫害、无损伤、含水量少、含糖量高、无核或少核品种做原料。采收时,如采用自然干制,需留T字形果柄,以便挂晒。若铺于竹席上晒制,则无需留T字柄。

②洗涤去皮。用清水洗净果面污物,沥干水分,然后可采用手工或旋皮机去皮。要求削皮要薄、不漏削,除柿蒂周围保留宽度小于0.5厘米的果皮外,其他部位不能留有残皮。

③干制。分自然干制和人工干制两种方法。

自然干制是将去皮的柿子用二股合一的麻绳缚住T字形果柄,形成串状,挂于用木椽搭成的晒架上暴晒。若遇阴雨天,以薄膜或苇席遮盖,雨后取出再晒。待柿子表面形成一层干皮时,即进行第一次捏饼。两手握柿,纵横捏,随捏随转,捏到内部变软;再晒5～6天,整串取下,堆积覆盖回软2天;再进行第二次捏饼,用拇指从中间向外捏,边捏边转,成中间薄四周高的碟形;然后再晒3～4天,堆积1天,重新整形一次,再晒3～4天,即可上霜。在阴凉处,将两柿饼顶部相合,蓝蒂部向外,瓷缸内放一层干柿皮再放一层柿饼,装满后上面盖一层柿皮,然后封缸,约经30天即可出霜。环境温度越低,则出霜越好。

人工干制是将柿果顶朝上逐个摆放在烤盘上,果距间留0.5～1厘米空档,摆满后送进烘房,放在烤架上。烘房按每立方米用5

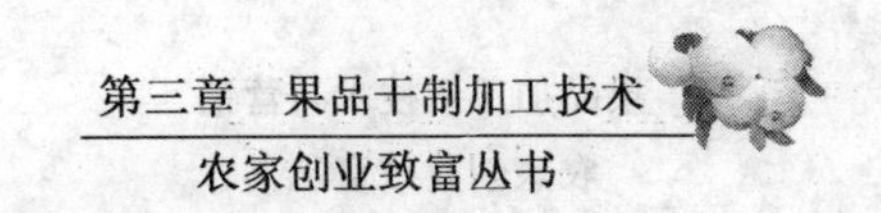

克硫黄计算，进行熏蒸 2～3 小时。

第一次烘烤(脱涩、软化)在熏硫的同时点火升温，尽快使烘房温度上升至 37℃～43℃，不要超过 45℃，保持 48～72 小时，使柿果基本脱涩变软、表面结皮为止。烘烤期间，要定期通风排湿，烘房内相对湿度保持 55%左右。

柿果烘烤后从烘房取出，移往阴凉干净的地方冷却，然后放进密闭的容器内，堆放回软一夜。果肉回软后，用手揉捏果实，柔捏后将柿果放入烤盘，移往干净向阳、空气流通的场所进行晾晒，并用聚乙烯塑料薄膜覆盖。在晴天条件下晾晒 2～3 天。晾晒时，每隔 1～2 小时将薄膜面翻开一次，并抖掉薄膜上的水滴。手捏柿果要均匀，使果肉柔软，并具扁平形状。

第二次烘烤(脱水、干燥)时，温度控制在50℃～55℃，并进行适时通风排湿，倒换烤盘。烘烤到柿果含水量降至 30%以下，柿果明显收缩，果肉质地柔软，用手容易捏扁变形为止。

烤盘从烘房移出，置于干净阴凉处通风散热，并置密闭容器内回软一夜。回软后将柿果逐个捏饼成形。在容器中堆捂、室外晾晒反复交替进行几次才能出霜；在晾晒期间，进行整形，将柿果捏成圆饼形。

④包装。应适应市场的要求，使用复合塑料薄膜袋按每袋 0.5 千克、1 千克进行密封包装，包装好后放干燥处贮藏。

(3)质量要求　好的柿饼大小均匀，边缘厚且完整，萼盖居中，柿霜呈白色较厚；柿饼软糯而甜，无涩味，嚼之无渣或少渣；一般出柿饼率为 25%～30%。

十五、猕猴桃脆片加工

(1)工艺流程　原料选择→清洗→切片→选片→浸渍→脱水→油炸→脱油→包装→成品

(2)操作技术要点

①原料选择。选择新鲜、成熟度一致、未经后熟、果肉组织未变软、果形大小和色泽一致、无病虫害、无霉烂、无机械损伤、无畸形的果实为原料。

②清洗。用清水洗净果面污物，沥干水分。

③切片、选片。用切片机横向切片，要求片厚 2～3 毫米，切片后用清水漂洗，除去碎屑，并进行挑选，剔除两端不合格片、未成熟片及纵切片等。

④浸渍、脱水。将果片浸入 1%～2%食盐加 0.1%柠檬酸加波美 18 度果糖液中，进行护色和着味，然后用脱水离心机沥干水分。

⑤真空低温油炸、脱油。用真空油炸脱油机进行油炸、脱油。果片在油温 80℃～120℃下进行油炸，时间为 10～40 分钟，或从观察孔观察油炸至无水泡从油面溢出，真空度为 0.07～0.092 兆帕时停止。在相同温度、真空度下脱油 2～5 分钟，转速 500～600 转/分。

⑥包装。脆片宜采用充氮包装。

(3)质量要求 好的猕猴桃脆片大小一致，厚薄均匀，互不黏结，色泽鲜艳，果片松脆，具有猕猴桃的风味。

十六、无花果干加工

(1)工艺流程 原料选择→清洗→去皮→护色→烘制→回软→包装→成品

(2)操作技术要点

①原料选择。选择新鲜、无霉烂、无病虫害、无损伤、果形大、肉厚、刚熟但不过熟的黄色品种为原料。

②清洗。用清水冲洗无花果，洗去果面灰尘、杂质，沥干水分。

③去皮。主要采用碱液脱皮法。配制 4%氢氧化钠溶液并使

用不锈钢锅(避免使用铁锅或铝制锅)加热到 90℃,将无花果置于 90℃的碱液中,保持 1 分钟。处理后捞起放进水槽中,用大量清水将其不断搡搓滚动,再加入稀酸中。如此操作果皮就会脱落。在操作过程中要戴手套,避免碱液对皮肤的腐蚀。脱了皮的无花果要沥干水分。

④护色。脱皮后的无花果使用 0.1%亚硫酸氢钠浸果,时间为 6～8 小时。

⑤烘制、回软。因无花果水分较多,不宜使用自然干燥法,只适宜人工干燥法。将护色后的无花果放进烘盘,送进烘房进行烘烤,初期可用较高温度 75℃～80℃,使其短时间内蒸发大量水分,接近中后期,温度要降低至 60℃～65℃,烘制时间为 16～18 小时,待无花果含水量达 14%～15%,即可结束烘制。然后置于密闭房间或密闭容器 1～2 天,使其回软。

⑥包装。采用塑料食品袋密封包装。外面再加外包装。每包重量为 250 克或 500 克。

(3)质量要求　好的无花果干呈浅黄色或橙黄色,色泽一致,具有无花果的风味,无其他异味,含水量在 15%左右。

第四章 果品罐头加工技术

第一节 果品罐头加工原理和生产工艺

一、果品罐头加工原理

果品罐头加工是将水果进行预处理后装罐，经排气、密封、杀菌，使罐内微生物死亡或失去生活力，并破坏果实内所含的各种酶的活动，防止再污染和进行各种氧化作用，使果品得以长期保存。果品罐藏具有保存期长、能较好地保持果品原有风味和营养价值、可直接食用、便于携带等特点。排气、密封、杀菌是果品罐头加工的主要措施。

1. 罐头的杀菌

罐头如果杀菌不够，在适宜环境下，残存在罐内的细菌就会生长繁殖，或者当罐头密封不严、侵入了微生物时，就会造成罐头制品败坏。引起罐头制品败坏的微生物主要有酵母菌、霉菌和细菌。各种微生物繁殖的条件不同。酵母菌和霉菌在密封不好的罐头中很容易生长，但因为它们的耐热性较低，杀菌时容易被杀灭。导致罐头败坏的微生物主要是细菌。细菌分为下面几类。

(1)嗜冷性细菌　最适宜的生长温度为14℃～20℃。这类细菌的耐热性也较差，对罐头的安全性没有大的威胁。

(2)嗜温性细菌　最适宜的生长温度为30℃～37℃。此类细菌的耐热性较高，不易被杀灭，常温下容易生长繁殖，是引起罐头败坏的主要微生物。

(3)嗜热性细菌 最适宜的生长温度为50℃～66℃，最低生长温度为37.8℃，有的可在76.7℃下缓慢生长。这类细菌的耐热性高，有的在121℃下加热1小时仍有存活的可能，但由于适温高，在一般贮存条件下不易生长，因此，不作为杀菌的主要对象。

按细菌对氧需求不同可分为好氧菌和厌氧菌。根据细菌能否形成芽孢，又可分为芽孢菌和无芽孢菌。有的细菌还能产生毒素。那些能在无氧或微量氧条件下活动、能形成芽孢且产生毒素的嗜温性细菌，其危险性是最大的，是罐头杀菌的主要对象。如低酸食品的杀菌对象是肉毒杆菌。

2. 影响罐头杀菌的因素

(1)微生物的种类和数量 微生物种类不同，其耐热性也不同。嗜热性细菌耐热性最强，而芽孢菌又比营养体更加抗热。罐头中细菌的数量对杀菌也有很大影响，特别是芽孢菌存在的数量越多，杀菌所需时间越长。

罐头中细菌数量的多少，主要取决于杀菌前原料的污染程度，所以，选用的原料要新鲜清洁。原料采收后要及时加工，同时，加工中要注意清洁卫生，各个工序紧密衔接，特别是装罐后要及时杀菌，不能积压拖延，否则影响杀菌效果。另一方面，工厂用水质量、机械设备和器具清洗、消毒也直接影响杀菌效果。

(2)食品的性质和化学成分

①原料酸碱度是影响细菌抗热力的一个重要因素。微生物需要在一定的酸碱度的环境中才能正常生长繁殖。随着食品酸度提高，细菌及其孢子的抗热性就随之降低。酸碱度大小一般以氢离子浓度的负对数(pH值)来表示，肉毒杆菌在pH4.5以下的食品中生长受到限制，不会产生毒素。一些低酸性的食品在不改变风味的前提下，可加酸以提高杀菌效果。

②食品的化学成分。罐头中的糖、淀粉、油脂、蛋白质、低浓

度的盐水都能增强微生物的抗热性。在加热杀菌中,大部分酶类在 80℃～90℃温度下,几分钟内就遭到破坏。但唯独过氧化物酶抗高温,所以,果品罐头加工中应注意此酶的钝化。

(3)传热方式和传热速度 罐头杀菌是使用热水或水蒸气,将热量由罐头外表传至罐头中心,其传递速度对杀菌效果影响很大。影响罐头传热速度的因素主要有以下几方面:

①容器。马口铁比玻璃瓶传热速度快,在相同条件下,玻璃瓶杀菌时间较长。罐型越大,热量从罐外传至罐中心的时间越长。

②食品种类、状态。流质食品由于对流作用,传热快。块状食品加汤汁比不加汤汁的传热快。糖液和盐水随着浓度的增加传热速度下降。果酱等半流质食品随着温度升高,半流质状态逐渐变为胶冻状态,热量传递前快后慢,所以,罐头含水量、块状大小、汁液多少、浓度高低及装填松紧都影响传热速度。

③杀菌锅种类。回转式杀菌锅能使罐内食品形成对流,传热性能较好,能加快罐内中心温度的上升,缩短杀菌时间,比静止杀菌锅效果好。

④罐头的初温。杀菌前罐头的中心温度称为初温。初温的高低直接影响罐头中心达到杀菌温度的时间。

3. 罐头真空度及其影响因素

(1)真空度及其测定 罐头食品经过排气、封罐、杀菌和冷却后,罐头中的内容物和顶隙中的空气收缩,水蒸气凝结为液体,从而使罐顶隙空间形成真空状态。罐头真空度是以罐外大气压与罐内气压的差值来表示的,一般要求为 26.66～39.99 千帕。罐头真空度常用简便的罐头真空计来测定,另外还可用电子真空度测定仪来测定。

(2)影响罐头真空度的因素

①排气密封温度。加热排气时罐头密封,温度越高,则真空

度越大。

②罐头顶隙大小。一定条件下，罐内顶隙越大，真空度也越大；但加热排气不充分时，顶隙越大，真空度越小。

③果品的种类。各种果品原料均含有一定的空气。空气含量越多，则罐头的真空度越低。

④果品的新鲜度。不新鲜的果品原料会产生分解作用而放出各种气体，导致高温杀菌后罐头的真空度下降。

⑤气温和气压。气温高，罐内残留气体受热膨胀，罐内压力提高，真空度下降。外界大气压越低，罐头真空度就越低。因此，随着海拔高度的提高，罐头真空度也下降。

⑥其他。原料的酸度越高，越有可能将罐头中氢离子转换出来，降低产品的真空度；在同样的排气密封温度下，杀菌温度高，会使罐头中产生的气体越多，降低真空度。

二、果品罐头生产工艺

1. 工艺流程

原料选择→挑选、分级→清洗→整理→预煮→装罐、注液→排气→封罐→杀菌→冷却→检验→包装→成品

2. 操作技术要点

(1)原料选择　原料质量直接关系到罐头制品的品质。罐头用的果品，要求含酸量高，糖酸比例适当，果心、果核小，肉质厚，质地紧密细致，耐热性强等。另外，果品成熟度要合适。选用采收过早的果实，色泽差、风味淡、酸度大、肉质生硬、品质差；选用采收过晚的果实，则果肉组织变软、酸味降低、耐贮藏和耐热性差，影响成品的脆度。

(2)挑选分级　剔除腐烂、病虫害、畸形、成熟度不足或过熟的不合格原料。为保证罐头质量，便于加工操作，提高劳动效率，降低原料消耗，必须按原料大小、成熟度、色泽等分级，保证每批

原料品质基本一致。果品按形状、大小分级时，可采用机械分级。分级机有振动式或滚筒式等。若按原料的质量好坏来分级时，一般是在工作台上或在传送带上用人工分级。

(3)清洗 消除果品原料表面附着的尘土、泥沙、污物、残留农药及部分微生物。

洗涤时，常在水中加入盐酸、氢氧化钠、漂白粉、高锰酸钾等化学试剂，既可减少或除去农药残留，还可除去虫卵，降低耐热芽孢数量。还可用一些脂肪酸系的洗涤剂，如单甘油酸酯、磷酸盐、糖脂肪酸脂、柠檬酸钠等。

果品的清洗方法可分手工清洗和机械清洗两大类。手工清洗简单易行，投资少，适用于任何种类的果品，但劳动强度大，非连续化作业，效率低，对于一些易损伤的果品如杨梅、草莓、樱桃等此法较适宜。用于清洗果品的机械种类较多，有用于质地较硬、表面不怕机械损伤的李、黄桃等原料的滚筒式清洗机。番茄酱、柑橘汁等连续生产线中常用喷淋清洗机。

不同种类或不同性质的原料应采用不同的洗涤方法。一般先在流动清水中浸泡，将表面的泥沙等杂质除去，然后在水中鼓风的条件下洗刷或用高压水淋洗。对于表面有残留农药或污染微生物较多的果品原料，可先在以上化学洗涤剂中浸泡，再用流动水洗净。

(4)整理(包括去皮、去核、切分等)

①去皮。要求除去外皮不可食用的部分后，保持果实外表光洁，防止去皮太厚，增加原料损耗。一般的去皮方法有手工、机械、热力、碱液等四种去皮方法。不同的果品去皮的方法也不同，如菠萝、苹果、梨等大型果品可用机械去皮；桃、李、杏用碱液去皮，应用最广。碱液去皮常用的碱为氢氧化钠，其腐蚀性强且价廉。经碱液处理后的果品必须立即在冷水中浸泡，清洗，反复换水，防止变色。

碱液去皮的处理方法有浸碱法和淋碱法两种。几种果品碱液去皮的处理见表4-1。

表 4-1 几种果品碱液去皮的处理

果品种类	NaOH 浓度(%)	液温/℃	处理时间/分钟	备注
桃	1.5～3	90～95	0.5～2	淋碱或浸碱
杏	3～6	90 以上	0.5～2	淋碱或浸碱
李	5～8	90 以上	2～3	浸碱
	8～12	90 以上		
苹果	20～30	90～95	0.5～1.5	浸碱
海棠果	8～12	90 以上	2～3	浸碱
梨	0.3～0.75	30～70	3～10	浸碱
猕猴桃	5	95	2～3	浸碱
枣	5～7	95	3～5	浸碱
青梅	3～6	95～100	1～3	浸碱

②护色。有些果品去皮后与空气接触会迅速变成褐色,从而影响外观,也破坏了产品的风味和营养品质,这种褐变主要是酶促褐变。一般护色措施均从排除氧气和抑制酶活性两方面着手,烫漂护色可钝化活性酶,防止酶褐变,稳定或改进色泽;食盐溶液护色是将去皮或切分后的果品浸于一定浓度的含盐溶液中进行护色处理。食盐对酶的活力有一定抑制和破坏作用,果品加工常用1%～2%的食盐水进行护色,如桃、梨、苹果、枇杷等,用此法护色应注意漂洗食盐;亚硫酸盐护色既可防止酶褐变,又可抑制非酶褐变,效果较好,常用的亚硫酸盐有亚硫酸钠、亚硫酸氢钠、焦亚硫酸钠等,罐头加工时应注意采用低浓度,并尽量脱硫,以避免罐头内壁产生硫化斑;有机酸溶液护色既可降低pH值,抑制多酚氧化酶的活性,又具抗氧化作用,常用的有机酸有柠檬酸、苹果酸或抗血酸,一般生产常用价格低的柠檬酸,浓度为0.5%～1%;抽空护色是对苹果、番茄等组织疏松、含空气较多、易引起氧化变色的果品所进行地处理,将原料置于糖水或无机盐水等介质里,在真空状态下,使内部的空气释放出来。抽空装置主要由真空泵、

气液分离器、抽空罐等组成。

③切分去核。根据原料种类和制品要求的不同，将原料切片、切块或切段。切分后还要进行去核(籽)等处理。

对含空气多的品种或易变色的品种，如苹果、梨、菠萝等，切分后可进行抽空处理。方法是把原料浸没于抽空液如糖液中进行抽真空处理，真空度约 0.09 兆帕，时间为 5～10 分钟。

(4)预煮 有些水果原料装罐前必须经预煮处理。其目的是排除原料组织中的空气，软化组织，便于装罐；破坏酶的活性，保持色泽，改善风味，脱除部分水分，保持开罐固形物的稳定；杀灭部分附着于原料中的微生物。

通常采用连续预煮机用热水或蒸汽加热预煮。预煮用水在不影响预煮外观效果的条件下，不应频繁更换，以减少可溶性固形物的损失。易变色的浅色原料需在预煮中加入适量柠檬酸进行护色。果品预煮的参考条件见表 4-2。

表 4-2 果品预煮的参考条件

种类	温度/℃	时间/分钟	备　注
桃	95～100	4～8	罐头常用 0.1%的柠檬酸液
梨	98～100	5～10	罐头常用 0.1%～0.2%的柠檬酸液
金柑	90～95	15～20	罐头用 2%的食盐水
苹果	90～95	15～20	罐藏常加柠檬酸

(5)装罐、注液 装罐前先准备空罐和配制填充液。

①空罐准备。空罐在使用前要清洗和消毒，以清除污物、微生物及油脂等。马口铁空罐可先在热水中冲洗，然后放入干净沸水中消毒 30～60 秒，倒置沥水备用，罐盖也同样处理。清洗消毒后的空罐应及时使用，不宜长期搁置，以免生锈和重新污染。玻璃罐容器常采用带毛刷的洗瓶机刷洗，然后用清水或高压水喷洗数次，倒置沥水备用。

②罐液的配制。水果罐头一般加注糖液。加注罐液能填充罐内除果品以外所留下的空隙，增进风味，排除空气，并加强热的

传递效率，提高杀菌效果。

水果罐头装罐时用的糖液浓度一般根据水果种类、品种和罐头制品质量要求而异。配制糖水时，应根据测定的水果含糖量来适当调整糖水溶液浓度，一般控制成品糖液温度20℃时，含糖量为14%～18%，糖液浓度常用白利糖度计测定。对配制好的糖液，可根据产品要求，加入少量其他配料，以改进罐头的风味和提高杀菌效果。一般控制成品含酸量在0.14%～0.18%(柠檬酸汁)。糖液必须煮沸过滤，随配随用，防止积压。

③分选装罐。按产品标准要求，剔除变色、软烂、斑点、病虫害、切削不良等不合格的原料。按大小、成熟度分开装罐，同罐中的原料要求大小、色泽、形态大致均匀。按要求量装入果肉，注满糖水。要求固形物含量(固体物占净重的百分比)为45%～65%。

(6)排气密封 排气的主要目的是将罐头顶隙中和食品组织中残留的空气排除掉，使罐头封盖后形成一定程度的真空度，以防止罐头败坏，延长贮存期限。

注入糖水或汤汁后的罐头必须迅速加热排气或抽气密封。加热排气时，应注意排气时间和温度，使罐头中心温度达80℃以上。对热传导慢的品种，装罐前进行复煮趁热装罐并加入沸水中再排气，排气后立即密封。排气过程要防止蒸汽冷凝水滴入罐内，采用抽气密封或预封后再进行排气密封。真空封口时真空度一般为0.04兆帕左右。

(7)杀菌冷却 封口后的罐头要立即放入杀菌锅杀菌，其具体杀菌条件因各品种而异。水果罐头大部分属酸性食品，一般采用常压杀菌，杀菌温度低于100℃。目前，许多工厂采用一种长形连续搅动式杀菌器，使罐头不断自转和绕中轴转动，增强杀菌效果，缩短杀菌时间。

长期以来食品一直采用热力杀菌，但在传热方式和杀菌器的种类上有很大的改进，出现了旋进式的杀菌装置、水静压杀菌装

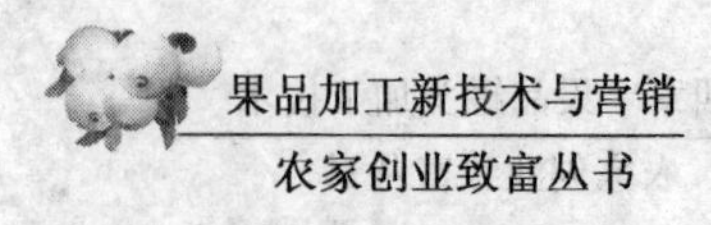

置、水封式杀菌装置、斯托克拉夫杀菌装置，还有火焰杀菌装置、同位素辐射杀菌装置也大量应用到了某些食品的杀菌处理中。

罐头杀菌后，必须快速冷却，防止继续受热，影响食品色泽、风味变劣及嗜热性芽孢的发育生长。按冷却的位置不同，冷却方式可分锅外冷却和锅内冷却，常压杀菌常采用锅外冷却。按冷却介质不同，冷却方式可分为空气冷却和水冷却，以水冷却效果为好。一般冷却至罐内中心温度37℃为宜。

(8)罐头检验 经杀菌冷却后的水果类罐头应进行保温检验，以判断该批罐头是否合格。将罐头送进保温库，保持温度为32℃～37℃，放置5～7天时间，然后检查罐顶是否有因微生物活动产生气体引起膨胀而导致品质败坏，如发现有品质败坏的罐头必须销毁。保温检验合格的产品再进行产品标准检验。保温检验虽然可以检验罐头食品安全质量，但无法保证其色泽和风味质量，因此，目前许多工厂已不采用，取而代之的是商业灭菌检验法。

(9)标志、包装、运输和贮藏

①标志。罐头标签按GB 7718的规定执行。

②包装。纸箱、内衬垫材料、封箱带按GB 12308的规定执行。要求是马口铁罐头表面必须清洁、无锈斑、封口完整、卷边处无铁舌、不漏气、不胖罐、无变形；罐头标签采用外贴商标纸(或用印铁商标)的方式。商标纸必须清洁、完整、牢固而整齐地贴在罐外。商标纸与罐身内高相等，其公差不得超过3毫米。箱内罐头排列整齐，不松动。

③运输。运输工具必须清洁干燥，不得与有毒物品混装、混运。长途运输的车船必须遮盖；运输温度应控制在0～38℃，避免温度忽升忽降。一般不得在雨天进行搬运，如遇特殊情况，必须用不透水的防雨布严密遮盖，搬运中必须轻拿轻放，不得抛摔。

④贮藏。贮藏仓库应保持清洁、防潮、远离火源；贮藏仓库温

度以20℃左右为宜，避免温度忽升忽降，仓库内保持通风，相对湿度一般不超过75%。成品箱的排列方式采用GB 12308附录B的规定执行，罐头成品贮藏过程中不得与有毒化学药品和有害物质放在一起。

第二节　常见果品罐头加工实例

一、糖水橘片罐头加工

(1)工艺流程　原料选择→分级选果→清洗→漂烫→去皮→剥络分瓣→酸碱处理→漂洗→整理→分选→装罐→封罐→杀菌、冷却→擦罐、贴商标→成品

(2)操作技术要点

①原料选择。制作罐头的柑橘要完全成熟，色泽鲜艳，糖分高，糖酸比适度，肉质组织紧密，硬度较高，容易剥皮、分瓣、去络，无籽或少籽，无机械损伤，无病虫害，无腐烂，横径在45毫米以上，大小一致。适宜制罐头的品种有温州蜜柑、黄岩本地早、四川红橘、广西柳柑、南柑等。

②分级选果、清洗。按果实横径大小分成四种规格：45～55毫米，55～65毫米，65～75毫米或75毫米以上。将分级后的橘子置于水槽中，洗净果面的尘污。

③漂烫。将分级洗净的果实放入温度为95℃～100℃水中烫漂1～2分钟。要求烫皮不烫肉，使果皮和果肉松离，但不伤及果肉。若橘果大、皮厚和成熟度低，烫漂时间可略长一些。

④去皮剥络。经烫漂的橘果应趁热剥皮。一般采用手工剥皮，剥下橘皮可作橘皮酱、陈皮等。将去皮后的橘果采用人工方法剥掉橘络，然后进行分瓣，并将橘瓣按规格分级。

⑤酸碱处理。将橘瓣先投入浓度为0.09%～0.12%的盐酸

溶液中浸泡，温度为20℃，浸泡时间为20分钟，目的是水解部分果胶物质及橙皮甙。一般浸到果囊衣变松易于脱落为止。然后将橘瓣迅速取出用清水漂洗两遍，接着再投入浓度为0.07%～0.09%的氢氧化钠溶液中浸泡，温度为35℃～40℃，时间为3～6分钟，直到大部分橘瓣脱落囊衣为止。根据囊衣去除程度不同，可将橘子罐头分为全去囊衣橘子罐头和半去囊衣橘子罐头两种。

⑥漂洗、整理、分选。将酸碱处理后的橘瓣立即投入流动清水中漂洗1小时，以便除去碱液和囊瓣壁上的分解物。用变形剪刀剪去囊瓣上附着的果实中心柱及残余囊衣、橘络，并去掉果核。除去畸形瓣、软烂瓣和破碎瓣。按大中小分级，使同一罐中橘瓣大小和色泽均匀一致。

⑦装罐、杀菌、冷却。称取290～300克经过漂洗整理后的橘瓣，装入经消毒的容量为500克玻璃罐中，加入浓度为24%～25%的糖液约220克，糖液温度不低于90℃，并用柠檬酸调节糖酸比，使成品pH值达到3.7～4.4。将装罐后的罐头立即在真空封罐机上进行封口。封罐后，在100℃沸水中煮10分钟，然后保持恒温5分钟，再用热水分段冷却至35℃以下。玻璃罐与冷却水的温差不能大于30℃，以免玻璃瓶炸裂。

⑧擦罐、贴商标。擦干罐身上残留的水分，在温度为20℃的库房中存放一周，经检验合格，贴上商标，即可入库贮藏或出厂销售。

(3)质量要求 成品橘片罐头具有橘子色、香、味，果肉大小、形态一致，无杂质，无异味，糖液透明，组织软硬适度，橘片形状完整，破碎率不超过5%～10%，糖水浓度为14%～18%(开罐时)，柠檬酸含量为0.3%～0.4%，果肉重量不低于净重55%。

二、糖水龙眼罐头加工

(1)工艺流程 原料选择→原料整理→挑选→装罐→排气、

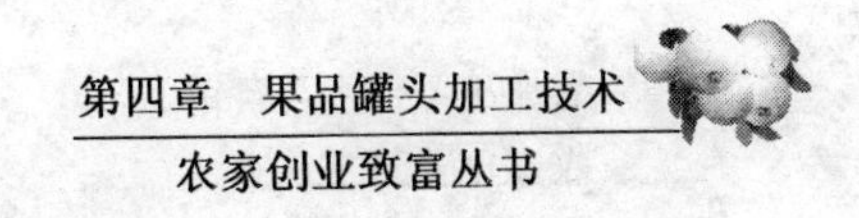

封罐→杀菌、冷却→包装→成品

(2)操作技术要点

①原料选择。采用新鲜、外观良好、无病虫害、无霉烂、无褐变的成熟果做原料。

②原料整理、挑选。按果实大小采用10～14毫米口径的去核器对准蒂柄，打孔去柄，并夹出核，剥去壳，防止损伤果肉。按大小将果肉分成一、二级，剔除扁软、破碎、斑点、褐变等不合格的果肉，用流动水清洗。

③装罐、排气、封罐。将270克的果肉装入预先清洗消毒的8113#空罐中，再加入温度90℃以上、浓度为28%的糖水约290克，控制总重量为560克。使用真空封罐机抽去顶隙空气并立即封罐，封罐中心温度不得低于80℃，罐内真空度为0.03兆帕。

④杀菌、冷却。杀菌公式为3′－20′－5′/100℃(即在3分钟内杀菌锅内温度升至杀菌要求的温度，温度在100℃保持20分钟，在5分钟内降低杀菌锅内温度，使罐中心温度在40℃)。杀菌后，将罐头立即冷却至38℃以下。

⑤包装抹罐。抹去罐头表面上残留的水分，张贴商标，包装、出厂。

(3)质量要求　成品龙眼罐头果肉为白色或稍带淡黄色，同一罐中果肉色泽应一致，糖水透明，有新鲜龙眼的风味，酸甜适合，无异味，果肉组织软硬适度，果形完整，颗粒大小一致。每罐重量为560克，固形物含量≥45%，可溶性固形物含量为14%～18%。

三、糖水金橘罐头加工

(1)工艺流程　原料选择→清洗→刺孔→预煮→挑选→装罐→加热排气→封罐→杀菌、冷却→擦罐、入库→成品

(2)操作技术要点

①原料选择。要求选用新鲜、成熟度在八成左右、果皮呈淡黄色至橙黄色、果形大小基本一致、无核或少核、无病虫害、无机械损伤、无霉烂、无斑点和无畸形果的果实做原料。皮呈绿色的不得选用。按果实横径分三等级(即横径 20～23 毫米、23～27 毫米、27～30 毫米)。

②清洗、刺孔。用清水洗净果面污物,并摘除果梗。用金橘刺孔器将金橘果均匀刺孔,每果约刺 20 个孔,以刺穿果皮为止,以便金橘果充分吸收糖液,防止造成瘪果。

③预煮、挑选。配制 2%的食盐水浸没金橘,在温度为 90℃～95℃的热水中预煮 15～20 分钟,预煮后及时用冷水进行冷却。煮后的金橘果形完整,呈橙黄色或黄色,组织饱满,按果实大小和色泽分开装罐。

④装罐、加热排气。将 265 克金橘果装入经过消毒的容量为 500 克的玻璃瓶中,再注入糖水 235 克。将装罐后的玻璃瓶放入排气箱内加热排气 10～15 分钟。

⑤封罐、杀菌、冷却。加热排气后立即封罐,要求封罐时罐中心温度达到 80℃以上,再将罐头在沸水中煮 15 分钟后取出,用热水分段冷却至 38℃。每次分段冷却时,冷却水与玻璃瓶温度差不得超过 30℃,否则会炸裂玻璃瓶。

⑥擦罐、入库。用干净毛巾擦干瓶子表面的水分,以防瓶盖生锈。送入库温为 20℃的仓库贮藏一周,检查合格后即可出库。

(3)质量要求 成品金橘罐头果实呈淡黄色或橙黄色,同一罐的果肉色泽应一致,允许有少量的自然斑点,糖水较透明;具有糖水金橘应有风味,甜酸适度,无异味;果形完整,大小基本一致,果肉软硬适度,果实保持饱满状态;果肉重量不低于净重的 50%,开罐时糖水浓度为 14%～18%。

四、糖水荔枝罐头加工

(1)工艺流程 原料选择→去壳、去核→挑选、分级→清洗→

修整→装罐→注糖水→封罐→杀菌、冷却→擦罐、包装→成品

(2)操作技术要点

①原料选择。挑选新鲜、果肉洁白、果实饱满、核小肉厚、成熟度八九成、味甜略酸、香气浓、涩味淡、无病虫害、无霉烂、无损伤、剔除裂果、烂果、机械伤的果实做原料，具体品种以乌叶最好，也可采用槐枝、尚书怀、桂味、绛纱兰、上番枝、下番枝等品种。

要求在每天清晨至中午12时采摘荔枝。采摘后应立即投入生产，如不能马上生产，要放进温度为3℃～5℃的冷库中冷藏，但冷藏时间不得超过7天。

②去壳、去核。用荔枝钳进行去核，去壳、去核的果肉要完整，避免破碎，损伤果膜、果肉，去壳去核时间不要超过1小时。

③挑选、分级、清洗、修整。剔除糜烂、变色的果肉及其他杂质，再将木质化果肉、褐变斑点果肉进行修整，修口要整齐，不穿孔，然后再将果肉进行分级，分成大整果、小整果和破碎片三级，最后把果肉用流动清水清洗干净，沥去水分，清洗速度要快，时间要短。

④装罐。根据产品质量标准进行定量装罐。装罐时避免损伤果肉，做到轻拿轻放，以免影响质量，同一罐内果肉大小一致，裂口果数不超过总果数的20%。

⑤注糖水。注入的糖水浓度为25%～30%。配糖水时要将水煮沸，保持1分钟后，边加白砂糖边搅拌，至糖全部溶解，并检测和调整糖浓度，再把糖水煮沸，保持1分钟后，趁热在30分钟内注完。注入的糖水温度保持80℃以上。糖水中可根据果肉酸度添加柠檬酸，调整酸度至0.14%～0.18%。

⑥封罐、杀菌、冷却、擦罐。真空封口的真空度要求为0.02兆帕。杀菌公式为3～12′/100℃。要严格控制杀菌温度和时间，杀菌后立即分段冷却至40℃以下。杀菌过程中罐头要倒置。杀

菌冷却后,擦干罐头表面的水分,并进行包装。

(3)质量要求　成品荔枝罐头果肉呈乳白色,略带微红或微黄色,糖水近似浅乳白色,甜酸适口,有荔枝浓郁的芳香味,果肉软硬适中,有弹性,果形完整,大小均匀,果肉重占净重的45%以上,可溶性固形物含量为14%～18%。

五、糖水菠萝罐头加工

(1)工艺流程　原料选择→洗果→分级、切端、去皮、捅心→修整→切片→二次去皮与分选→装罐→排气→密封→杀菌、冷却→成品

(2)操作技术要点

①原料选择。选择果形大并呈长筒形,果实的果形指数(果实纵横径之比)大于1,果实锥度比(离果顶1/4长度处的横径与离果顶3/4处的横径之比)接近1,以0.95～1.05为好;果心小而且位于中心;果眼浅,无损伤,无黑心、霉烂、褐斑、水渍;果肉金黄色,组织致密,孔隙率小;风味浓,香气足,糖酸比适宜,充分成熟的果实为原料。

适宜罐藏品种有无刺卡因、沙涝越、巴厘、红色西班牙、皇后等。

②洗果、分级。将菠萝浸入清水中,洗净果实外表附着的泥沙、杂质,然后根据果径分成四种规格:85～94毫米,94～108毫米,108～120毫米,120～134毫米。

③切端、去皮、捅心。用菠萝联合加工机削去外皮,切去两端,捅除果心。菠萝去皮、捅心刀具规格见表4-3。

表4-3　菠萝去皮、捅心刀具规格

级别	果实横径/毫米	去皮刀筒口径/毫米	捅心筒口径/毫米
一级	85～94	62	18～20
二级	94～108	70	22～24
三级	108～120	80	24～26
四级	120～134	94	28～30

④修整、切片。去皮捅心后的果肉用利刀削去伤疤及腐烂部分，再清洗一次，用单刀切片机将果肉切成环形圆片。片的厚度按罐号分别为11.5～13毫米。

⑤二次去皮与分选。将片形完整，不带果目、斑点等缺陷的菠萝片选出装罐，应选出带有青皮、果眼及片边缘带有斑点、机械伤的果片，经二次去皮机进行去皮。菠萝圆片直径和二次去皮筒径规格见表4-4。

表4-4 菠萝圆片直径和二次去皮筒径规格

圆片直径/毫米	二次去皮筒径/毫米	圆片直径/毫米	二次去皮筒径/毫米
62	52(生产扇块或碎块)	80	70
70	62(生产扇块或碎块)	94	80

⑥装罐、密封。用温度为90℃以上的热水对菠萝片进行清洗消毒，沥干水分。装罐时，控制糖水浓度在14%～18%，装罐时的糖水温度为90℃以上，然后进行排气。排气时的中心温度不低于80℃，密封时抽气真空度为0.03兆帕。

⑦杀菌、冷却。罐头封口后迅速进行杀菌。一般采用温度为100℃常压蒸汽或沸水杀菌，杀菌时间一般20～25分钟。杀菌后迅速将罐头分段冷却到38℃左右，防止受热时间过长，菠萝肉色和风味变差。

(3)质量要求 成品菠萝罐头果肉为淡黄色至金黄色，色泽一致，糖水透明，具有菠萝的特殊风味，甜酸适口，无异味；果肉软硬适度，块形完整，切削整齐，不带机械伤和虫害斑点，同一罐中块形大小均匀。

六、糖水桃罐头加工

(1)工艺流程 原料选择→洗涤→切半、挖核→去皮→预煮、修整→分级→装罐→排气、封罐→杀菌、冷却→擦罐→成品

(2)操作技术要点

①原料选择。选用黄肉桃品种，要求桃果为不溶质的韧肉型，肉厚组织致密、稍脆，核小、离核，糖、酸含量高，香气浓郁，加工不易变色，果实大小均匀，果形整齐新鲜，果实八成熟，剔除病虫害、霉烂果、机械损伤和残次果的果实做原料。

②洗涤、切半、挖核。用清水洗去果面的尘土、杂质和果毛，沥干水分。用不锈钢刀将桃切成两半，用挖核器挖去桃核和近核处的红色果肉，浸入 2%盐水中进行护色处理。

③去皮。配制浓度为 4%～6%的氢氧化钠溶液，加热至 90℃～95℃，倒入切好的桃果浸泡 30～60 秒，捞起用流动清水冲洗搓擦，使果皮脱落，最后再将桃果倒入 0.3%的盐酸中浸泡 2～3 分钟。

④预煮。将水加热至 95℃～100℃，加入浓度为 0.1%的柠檬酸，再倒入桃果，预煮 4～8 分钟，以桃肉刚好煮透而没煮烂为宜，捞出后，立即投入冷水中冷却。

⑤修整、分级。用不锈钢刀削去残留果皮和毛边，挖去变色和带斑点的果肉。选出果形完整、表面光滑、核洼圆滑、果肉呈金黄色或黄色的桃块，供装罐用。

⑥装罐、排气、封罐。用容量为 510 克的玻璃罐，每瓶装入桃果块 330 克，加糖液 180 克；灌装时糖水温度不低于 85℃。糖液配制为每 75 千克水中加 20 千克白砂糖和 15 克柠檬酸，煮沸后并经 200 目尼龙网过滤。罐盖和胶圈预先在 100℃的沸水中煮 5 分钟进行灭菌。使用真空封罐机进行排气并立即封盖，使罐内中心温度保持在 80℃以上，罐内真空度为 0.03 兆帕。

⑦杀菌、冷却、擦罐。装罐密封后应及时杀菌，在沸水中煮 20 分钟，用温水分段冷却至 35℃～40℃。擦去罐头表面水分，并送至温度为 20℃的仓库中保存 7 天，至进行检验。

(3)质量要求 成品桃罐头果片呈金黄色或黄色，同一罐中果片色泽一致，糖水透明，允许有少许果肉碎屑；具有黄桃罐头的风味、无异味；桃块完整，允许稍有毛边，同一罐内果块大小均匀；

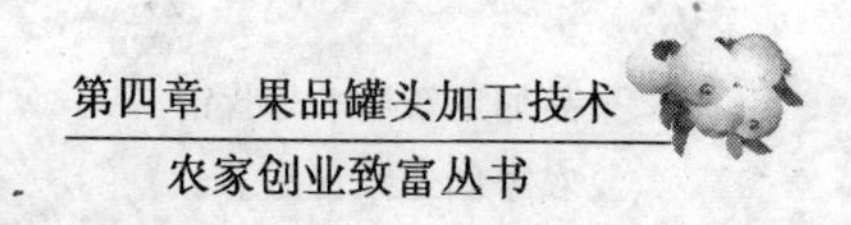

果肉重量不低于净重的60%，糖水浓度为14%～18%。

七、糖水枇杷罐头加工

(1)工艺流程　原料选择→洗涤→烫果→去核、去皮→护色→漂洗→装罐→加糖水→排气→封罐→杀菌、冷却→揩罐、保温贮藏→包装→成品

(2)操作技术要点

①原料选择。可选用中等果形、核少、肉厚的太城4号、洛阳青、长红3号等品种做罐头。要求成熟度在八成以上，未熟果加工罐头风味不佳，果色偏淡；而过熟果则果肉软烂。应选用新鲜、充分着色、果肉橙红或橙黄、无病虫害和无明显的机械伤、风味浓的果实做原料。圆形果横径要达3厘米以上，长形果要达2.8厘米以上，可留1厘米以下的果柄。

②洗涤、烫果。用0.1%高锰酸钾进行消毒，再用清水洗净。按果实大小和成熟度高低，分批在温度为85℃～90℃的热水中浸烫，时间为6～15秒，烫后立即放入冷水中冷却，使果皮发软，容易剥离。

③去核、去皮。去核需用打孔器。打孔器是用铁皮制成的小圆筒，称为“捅筒”，两端的直径不一样，一端直径为13～15毫米，用于枇杷果顶部(即萼筒处)打孔；另一端的直径为6～9毫米，用于枇杷果的基部打孔。打孔器从果实底部打入，并一直推进，将果核从果顶挤出，注意不能使果肉发生裂口。在去核的同时，去除内膜。果皮用手逐个剥除。

④护色、漂洗。将去核、去皮后的枇杷果立即投入1%～2%的食盐水中，进行护色，以防果肉褐变，或者使用0.005%的焦亚硫酸钠溶液进行护色。枇杷果从护色液中取出后，即用清水漂洗数次，同时按大、中、小、碎果进行分级。

⑤装罐、加糖水。果肉装罐重量为整罐净重量的38%～

40%。装罐前应沥干水分，之后加入糖水，糖水的浓度为24%～26%(先期果加浓些，后期果加稀些)。如果肉含酸量低，可在糖水中添加0.05%～0.1%的柠檬酸。为改善果肉色泽，可在糖水中添加0.01%～0.02%维生素C。为增加果肉硬度和脆度，还可在糖水中加入0.05%氯化钙。

⑥加糖水、排气、封罐。装罐、加糖水后，将罐头立即送入温度为100℃的排气箱中，保持罐中心温度在70℃以上，排气10分钟，并趁热在封罐机上封罐。

⑦杀菌、冷却。封罐后，将罐头放入沸水中蒸煮进行杀菌，杀菌时间为5～18分钟，然后移入冷却池中，冷却至40℃。若使用玻璃瓶应分段冷却，以防止破裂。应先将玻璃瓶放入温水中降温，再移入冷却池冷却。

⑧揩罐、保温贮藏、包装。用布揩净罐头上的水渍，再移至保温库，进行保温贮藏，在库温20℃时贮藏7天，或库温25℃时贮藏5天，以便观察罐头是否胖罐、漏气等。将合格产品贴上商标，注明生产日期、产地，用纸箱包装，每箱一般装24瓶。

(3)质量要求 成品枇杷罐头果肉呈橙黄、橙红或黄色，同一罐内果肉色泽要一致，无明显的褐色斑点，糖水清亮，允许有少量果肉碎屑；具有枇杷罐头应有的风味，无异味；罐中果肉大小一致，果肉软硬适中，果肉重量不低于净重的38%(外销不低于40%)，开罐糖度为14%～18%。

八、糖水青梅罐头加工

(1)工艺流程 原料选择→清洗、分级→硬化、去苦味→碱液去皮→染色→清洗、修整→装罐→排气、密封→杀菌、冷却→成品

(2)操作技术要点

①原料选择、清洗、分级。选择新鲜、翠绿未转黄、果形正、果肉硬实、饱满、松脆、含酸量高、核小、无霉烂、无病虫害果为制作

罐头的原料。用清水洗净果面沙土灰尘，剔除畸形、霉烂、损伤、病虫果。将果分为大、中、小三级。

②硬化、去苦味。配制5%氯化钙和4%氯化钠混合液，将梅果倒入混合液中浸泡，梅果与混合液中的重量比为1.5∶1，浸泡2～3天，隔时搅拌，浸泡至果色由绿转黄、果肉脆硬时捞起。

③碱液去皮。将硬化的梅果放入温度90℃以上的20%氢氧化钠溶液中浸泡2～4分钟。浸泡时，利用压缩空气使梅果在热碱液中翻滚，以达到果皮浸碱均匀的效果。梅果在热碱作用下，表皮变紫褐色，即可搓去果皮。碱液去皮过程中应定时测定浓度，及时补充氢氧化钠。

经碱液处理后的梅果，应立即用流水漂洗，洗去残留在梅果上的碱液，洗至水中不带褐色为止。漂洗后，将梅果倒入滚筒式脱皮机内去皮，并用清水冲洗，除去皮屑。脱皮机下放有回收槽，将梅皮集中回收，放在缸池中，在盐酸溶液中浸泡，使pH值达到7左右，保存待用作为梅酱原料。

④染色、修整。配制含0.01%亮兰、0.06%柠檬酸的果绿色染色液，将梅果倒入染色液中2～5分钟，使梅果表面染成与鲜果近似的颜色，再用清水洗去黏附在梅果面上的染色液，并用不锈钢小刀削去残留的果皮和果蒂。

⑤装罐。梅果含酸量高，容器要用抗酸涂料制作的马口铁罐。按不同容器规格进行装罐，装入的果肉重量不低于净重的50%，糖水浓度为22%。糖水配制好后要煮沸15分钟，以脱除糖分内的硫。糖水要随配随用，灌注时保持温度在80℃以上。

⑥排气、密封、杀菌、冷却。装罐后，要趁热立即排气密封。排气箱温度保持85℃以上，时间为10～12分钟，排气结束时罐中心温度在70℃以上；真空密封时真空度不低于46.6千帕。之后，在100℃沸水中煮15分钟，再迅速降至38℃左右。若玻璃瓶要分段冷却至38℃。

(3)质量要求　成品梅果罐头果肉为翠绿色；糖水无色透明或黄绿色透明，无沉淀，但允许有少量梅果碎屑存在；果肉不低于净重50%，糖水浓度按折光仪计算为14%～18%。

九、糖水余甘子罐头加工

(1)工艺流程　原料选择→清洗→去皮→漂洗、修整→浸酸、硬化→装罐→排气、密封→杀菌、冷却→成品

(2)操作技术要点

①原料选择。选用新鲜饱满、成熟适度、果实横径在2厘米以上的余甘子为原料，剔除严重畸形、干瘪、机械伤及病虫害果。

②清洗、去皮。将合格果实用清水洗净果面的灰尘泥沙，沥干水分。将余甘子放入温度为95℃～100℃、浓度为10%的氢氧化钠溶液中去皮。

③漂洗、修整。将用碱液去皮后的余甘子放进水槽，用流动清水洗净果面的余碱；再用不锈钢小刀挖去果顶和果蒂的小果点，刮去果面残留的果皮和轻微的伤疤，然后用清水漂洗干净，沥干水分。

④浸酸、硬化。将修整洗净后的余甘子放入浓度为0.1%的盐酸和0.3%氯化钙混合液中浸泡2～4小时，然后捞出用清水漂洗3～5次。

⑤装罐。使用四旋玻璃瓶装入果肉240克、糖水160克（糖水浓度为35%左右），并加入浓度为0.1%的柠檬酸。装罐时糖液温度为90℃。

⑥排气、密封、杀菌、冷却。应用热力排气，使罐中心温度达75℃以上时，立即密封。杀菌公式5′—12′—5′/100℃。杀菌后，分三个时间段冷却至38℃。

十、糖水杨梅罐头加工

杨梅风味鲜美，营养丰富，具消食、除湿、止泻、利尿等功效。

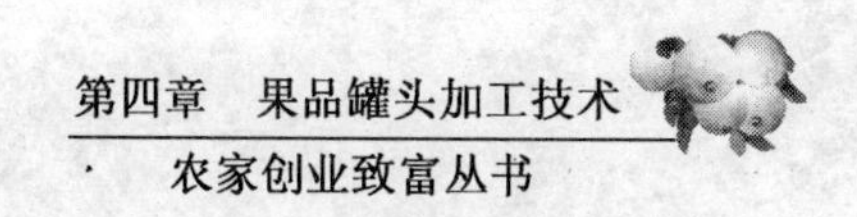

鲜果不耐贮运，加工制成糖水罐头可长时间贮藏和长途运输。

(1)工艺流程　原料选择→清洗→浸盐水→挑拣、分级→装罐→排气、封罐→杀菌、冷却→抹罐、入库、检验→成品

(2)操作技术要点

①原料选择。选择新鲜、风味好、呈紫红色或鲜红色、不过熟的果实做原料，要求果实横径在22毫米以上，剔除霉烂果、机械伤果及不成熟的果，摘除蒂柄和其他杂物，按果形大小、色泽分级装篓。

②清洗、浸盐水。用流动清水漂洗，不能用力搅拌，以免碰伤。配制5%的食盐水，将杨梅果浸泡10分钟，可驱虫，并提高果实硬度。浸后再在流动清水中漂洗，洗去盐水。

③挑拣、分级。挑拣鲜红色或紫红色、果形完整、无软烂的杨梅果，使同一罐中果形大小及色泽大致均匀。

④装罐、封罐。称取杨梅250克，装入经清洗消毒的玻璃罐中，加入浓度为25%的糖水250克，然后加热，待罐中心温度达到75℃时立即趁热封罐。罐盖与胶圈必须先经100℃水煮5分钟。真空密封的真空度不低于60千帕。

⑤杀菌、冷却、抹罐、入库、检验。将封口后的罐头投入沸水中煮8分钟杀菌。经杀菌后的罐头立即放入冷水中，分段冷却至40℃以下。擦干水分，在常温库房存放5天，经检验合格后贴上商标即可出厂。

(3)质量要求　成品杨梅罐头果肉汤汁均呈紫红色或淡红色，且色泽一致，糖水较透明，允许有少量果肉碎沉淀；杨梅果保持原状，大小均匀，果肉组织不软烂，好果率达80%以上，20%果实允许有轻微裂果；具有杨梅应有风味，无其他异味；果肉重量不低于净重的45%，糖水浓度在14%～18%。

第五章 果汁加工技术

果汁是深受欢迎的营养饮料之一，有“液体水果”之称。果汁食用、携带方便，形式多样。果汁含有水果成分，营养丰富，容易吸收，是良好的保健饮品，除可直接饮用外，还可作为其他多种饮料和食品，如糖果、饼干、面包、汽水、冷饮等原料。

我国的果汁加工业是20世纪80年代末开始发展的。伴随着国外成套设备和技术的引进，果汁加工业已逐步成为一个朝气蓬勃、发展迅猛的产业。

第一节 果汁的分类及原料要求

一、果汁的分类

果汁是以新鲜水果为原料，经压榨或其他方法而取得的汁液。它的主要成分为水、有机酸、糖分、矿物质、维生素、芳香物质、色素、单宁，还包含氮物质和酶等。果汁风味佳，并具有较高的营养价值。根据GB 10789软饮料的分类标准，果汁饮料分为10类：

(1)果汁(原果汁) 通过机械方法制取没有发酵的汁液，并采用渗滤或浸提的方法得到制品，或浓缩果汁加水制得的制品。

(2)浓缩果汁 由原果汁脱水浓缩而成。

(3)原果浆 使用打浆机将水果可食部分制成具该水果特征的浆状制品。打浆过程没有去除汁液，没有发酵。

(4)浓缩果浆 从原果浆中脱除一定比例的水分后所得到的

果浆。

(5)水果汁　用糖、酸调配原果汁(或浓缩果汁),制成能直接饮用的制品,要求其原果汁含量不得少于40%。

(6)果肉果汁饮料　用糖酸调配原果浆(或浓缩果浆),制成饮料。要求原果浆含量不少于35%,可溶性固形物不少于13%(用折光仪计)。

(7)高糖果汁饮料　用糖、酸调配原果汁(或浓缩果汁),制成含糖较高供稀释后饮用的制品。

(8)果粒果汁饮料　用糖、酸调配原果汁(或浓缩果汁),添加柑橘类或其他水果切细的果肉,再用糖、酸等进行调配而制成的饮料。

(9)果汁饮料　用糖、酸调配原果汁(或浓缩果汁),制成饮料。要求原果汁含量不少于10%。

(10)果汁水　用糖、酸调配原果汁(或浓缩果汁),制成饮料。要求原果汁含量不少于5%。

二、果汁加工对原料的要求

(1)影响原料质量的主要因素　水果品种、自然条件、生态环境、农业管理技术等对原料质量影响极大。

(2)对原料质量的基本要求

①及时采收。采收过早,品质差,味淡,含糖量低,酸度大,色泽浅。采收过迟,肉质变软,酸度降低,贮藏性差,影响加工质量。因此,未成熟的果实和过熟的果实都不能作为加工果汁的原料。

②要求原料清洁卫生。清洁卫生的水果果面微生物含量少,有利于贮藏。

③要求原料新鲜。果品采收后,仍在进行一系列生命活动,会消耗果品本身贮存的营养物质,因此,原料的新鲜度也是衡量果汁质量的一个特征参数。

(3)加工果汁的原料应具有的品种特性

①色彩鲜艳、香气浓郁。

②可溶性固形物多,营养丰富。

③出汁率高,有利于降低经济成本,提高产品价值。

④甜酸适度。果品的甜酸对果汁风味影响很大,适合制果汁的果品一般甜酸比在 10∶1～15∶1 浆,浆果类水果原料的含酸量可以大一些。

⑤影响果汁质量的成分要少。果品质地过硬、过软都不利于取汁;果品某些成分会影响果汁的品质,例如,红星苹果中酚类含量高,制汁过程褐变严重。某些柑橘类橙皮苷和柠碱含量高,使果汁苦味重,不宜选用。

第二节 果汁加工工艺

一、原果汁加工工艺

1. 工艺流程

原料选择→清洗→破碎→取汁→筛滤→调配果汁糖酸比

→{澄清过滤 / 均质脱气}→杀菌→灌装→{澄清汁 / 混浊汁}

↓

浓缩→{澄清浓缩汁 / 混浊浓缩汁}

2. 操作技术要点

(1)原料选择 选择色泽好、香味浓、甜酸适口、风味浓厚、出汁率高的品种做原料。剔除未成熟或过熟的果和霉烂果、病虫果,以保证果汁的质量。

(2)清洗　用于制作果汁的果实应充分冲淋、洗涤。为保持用水清洁，不用循环水洗涤。浆果类及带皮榨汁的原料清洗必须仔细。为减少农药污染，可用一定浓度的盐酸或氢氧化钠溶液浸泡，然后清水冲净。对微生物污染，可用一定浓度的漂白粉或高锰酸钾溶液浸泡，然后再用清水冲洗干净。

(3)破碎　果皮和果肉致密的水果，需进行破碎处理，以便提高出汁率。破碎必须适度。苹果、梨、凤梨碎片以3～4毫米为宜；草莓和葡萄以2～3毫米为好；樱桃破碎5毫米即可。打浆是广泛应用于果汁带肉加工的一种破碎工序。桃、杏、梨等水果加热软化后能提高出浆汁量。

果品一般使用破碎机或磨碎机破碎，有辊压式、锤磨式破碎机和打浆机、绞肉机等。不同的水果采用不同的机械，如梨、杏宜采用辊式破碎机，葡萄宜采用联合破碎去梗送浆机，带肉胡萝卜、桃汁可采用打浆机或绞肉机。

水果破碎后、取汁前必须进行热处理，其目的是提高出汁率和品质。加热使果肉软化，使细胞原生质中蛋白质凝固，部分果胶水解，降低果汁黏度，同时可抑制多种酶类的活性，从而避免果汁发生分层、变色及产生异味，有利于水溶性色素的提取，如杨梅、山楂、红色葡萄等。宽皮桔类加热有利于去皮，也有利于降低精油含量。

(4)取汁　取汁是果汁的一道主要工序。水果取汁有压榨和渗出两种。压榨适合汁液丰富、易于取汁的原料。大多数果品含汁液丰富，故压榨法应用广泛，仅山楂、李、干果、乌梅等采用渗出法取汁，杨梅、草莓有时为改善风味和色泽也用渗出法来取汁。

压榨时，加入一些疏松剂可提高出汁率，如葡萄、梨、苹果、桃、杏等果品中加入一种烯烃聚合而成的短纤维可提高出汁率。它还有使果汁澄清、降低酚类物质和二价铁含量的作用。

(5)筛滤又称粗滤　混浊果汁的过滤，主要是去除分散于果汁中的粗大颗粒和悬浮粒，同时又保留色粒，以获得其具有的色泽、风味和香味。澄清果汁的制法除粗滤外，还需精筛或先进行澄清后再过滤，务必除去全部悬浮颗粒。

(6)调配果汁糖酸比 为改善果汁风味，使之达到质量要求，需用糖、酸等进行成分调配，但调配浓度不宜过大，以免丧失原果风味。大部分果汁成品糖酸比为13∶1～15∶1。

(7)澄清过滤 见澄清汁加工工艺。

(8)均质脱气 见混浊汁加工工艺。

(9)浓缩脱水 见浓缩加工工艺。

(10)杀菌 杀菌的目的在于杀灭有害微生物和钝化酶的活性。常用杀菌方法有：

①高温或巴氏杀菌：一般作法是将果汁灌装密封后用沸水或蒸汽杀菌，果汁饮料加热至60℃～100℃，保持30分钟后冷却。

②高温短时杀菌：将果汁加热到93℃±2℃，保持15～30秒，然后立即冷却。此法营养物质损失小，适宜于热敏性果汁。

③超高温瞬时杀菌：将果汁加热到120℃以上达3～10秒。此法适合低酸性制品，对果蔬汁风味、色泽、维生素C保持较好，而且应用广泛。

(11)灌装 果汁的灌装有冷灌装和热灌装两种。冷灌装即灌装前不进行杀菌或灭菌，冷却后再进行灌装，如冷冻浓缩果汁和一些冷藏果汁。大多数果汁都是趁热灌装或灌装后杀菌。

目前推广采用无菌包装，即先对食品采用蒸汽超高温瞬时杀菌，随后在无菌环境下，利用无菌包装机把果汁放入已杀菌的纸盒、塑料杯、蒸煮袋、金属罐和玻璃瓶内，并进行密封。

二、澄清果汁加工工艺

1. 工艺流程

原料选择→清洗→破碎→取汁→成分调整→澄清→过滤→

杀菌→灌装→成品

2. 操作技术要点

从原料选择到成分调整的工艺操作同原果汁加工工艺一样。

(1)澄清　澄清果汁必须采用物理、化学或机械方法除去果汁中含有的或易引起浑浊的各种物质，这些浑浊物质来源于压榨时产生的细胞碎块和其他不溶于水的成分。一些较大的颗粒可通过自然澄清、直接过滤、离心除去，细小颗粒或聚合物需用酶法和澄清剂进行澄清。澄清常用以下几种方法：

①自然澄清法。长时间静置，促使果汁中悬浮物自然沉降。因时间长，果汁易败坏，仅用于有防腐剂贮藏的果汁。

②明胶—单宁法。明胶、鱼胶、干酪素等蛋白质可与单宁酸盐形成络合物，络合物能与果汁中悬浮颗粒缠绕，而随之沉降。此法适用单宁物质含量较多的苹果、梨、葡萄、山楂等果汁。生产中，为加速果汁澄清，常加入单宁。

明胶和单宁常用量：每升果汁加入明胶100～300毫克、单宁90～120毫克。此法在酸性和温度较低条件下易澄清，温度以8℃～10℃为宜。高温时，果汁易发酵。

③酶法。果胶在果胶酶的作用下水解为半乳糖醛酸，果汁中的悬浮物失去果胶胶体的保护而沉降。生产上果胶酶加入之前先做试验，以确定剂量。

④酶、明胶联合澄清法。仁果类此法应用最多，如苹果汁先用酶制剂处理30～60分钟，再加入明胶溶液，静置1～2小时，接着用硅藻土过滤。

⑤加热澄清法。温度热冷剧变可使果汁中蛋白质和其他胶体物质变性凝固析出，从而达到澄清。具体做法是将果汁在80～90秒内加热至80℃～82℃，然后急速冷却至室温。此法不能使果汁完全澄清，而且加热会损失一部分芳香物质。

⑥冷冻澄清法。将果汁急速冷冻，使胶体浓缩脱水，使一部

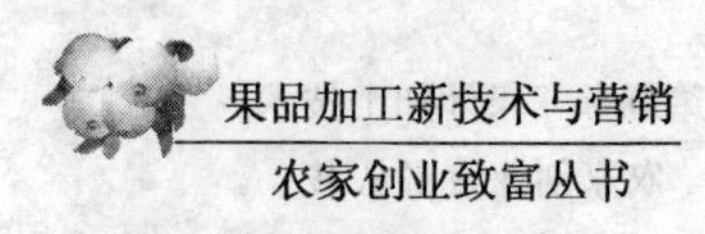

分胶体完全或部分被破坏而沉淀，解冻后过滤除去。另一部分保持胶体性质的果汁可用其他方法除去。苹果汁用该法澄清较好。

⑦硅藻土法。在果汁中加入明胶、皂土后再加入一定量的硅藻土，可分离蛋白质，促使混浊物沉淀，同时吸附和除去过剩的明胶（多余的明胶常使果汁出现混浊）。

(2)过滤 澄清后的果汁必须进行过滤将沉淀的混浊物除去。常用的过滤介质有石棉、帆布、硅藻土、纤维等。常用的过滤方法有：

①压滤法：采用过滤层过滤和硅藻土过滤，常用设备为板框式过滤机。

②真空过滤法：在过滤滚筒内产生真空压力，利用压力差使果汁过滤，达到澄清果汁的效果。

③超滤法：是利用特殊的超滤膜的膜孔选择性筛分作用，在压力驱动下，把微粒、悬浮物、胶体和高分子物质等与溶剂和小分子溶质分开。该法属于膜分离技术，是近年来发展的新兴技术，已在果汁澄清中广泛应用。

使用膜分离技术澄清果汁的过程无需加热，对保留维生素C及一些热敏性物质很有利，还可除去一部分微生物。

④离心分离法：利用离心分离机除去果汁中的沉淀物，有自动排渣和间歇排渣两种。该法容易使汁液中混入过多的空气。

杀菌、灌装等工艺操作与原果汁加工工艺相同。

三、混浊汁及带果肉汁加工工艺

随着消费者健康意识的增强，澄清果汁越来越不能满足人们对天然饮品的需求，纯天然、营养、新鲜的混浊汁及带果肉汁越来越受到消费者的喜爱。

1. 工艺流程

原料选择→清洗→破碎→榨汁→成分调整→均质→脱气→

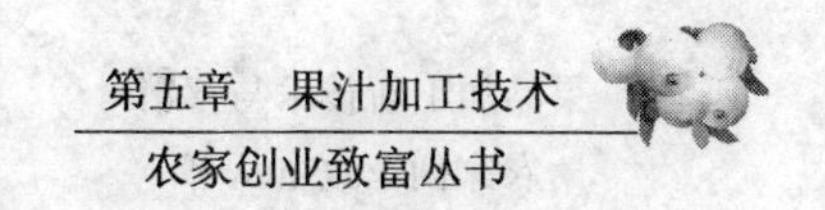

杀菌→灌装→成品

2. 操作技术要点

从原料选择到成分调整与原果汁加工工艺相同。

(1)均质　为防止果汁中固体与液体发生分离而影响果汁外观品质，增进产品细度和口感的一道工序，是生产混浊果汁和带肉汁特有的工序。均质是通过均质设备，将制品中的颗粒进一步破碎，使颗粒大小均匀，果胶和果汁亲和，并保持均匀混浊状态。

均质设备有高压均质机、胶体磨、超声波均质机。

(2)脱气　是生产混浊果汁的重要环节。果汁原料组织中存在着大量的空气，原料在破碎、榨汁、均质、搅拌等工序中又混入大量空气。这些气体以溶解状态存在于或被吸附在颗粒和胶体表面，会对果汁产生一定影响。果汁中大量氧气不仅使维生素等遭受破坏，还会使色素、芳香成分及其他营养物质受到氧化损失，同时会引起马口铁罐内壁腐蚀；装瓶时微粒上浮，造成高温瞬时杀菌时果汁起泡等后果。所以，果汁在加热杀菌前，必须进行脱气，除去氧气。

脱气的方法主要有真空脱气法、气体置换法、化学脱气法、酶法脱气法。

①真空脱气法。使用真空脱气机，使果汁在真空条件下，将气体分散成水雾或水膜脱除。真空锅温度控制在40℃～50℃，真空度为90.7～93.3千帕，可脱除果汁中90%的空气。此法缺点是有一部分低沸点芳香物质也被气化除去。为此，须安装芳香物质回收装置，将气化的芳香物质冷凝后，再加回到果汁中。

②气体置换法。将惰性气体(氮气、二氧化碳)充入果汁中，把果汁中的氧气置换出来。此方法可减少挥发性芳香成分的损失，有利于防止加工过程中的氧化变色。

③化学脱气法。利用抗氧化剂脱除果汁中氧气，如在果汁中加入抗坏血酸，可起脱气作用。但含花色苷丰富的果汁(如葡萄、

樱桃)就不适合应用此法,因为抗坏血酸会促使花色素分解。

④酶法脱气法,在果汁中加入需氧酶,如葡萄糖氧化酶可以起良好的脱气作用。

杀菌、灌装等工艺操作同原果汁加工工艺一样。

四、浓缩果汁加工工艺

1. 工艺流程

原料选择→清洗→破碎→榨汁→成分调整→浓缩→杀菌→灌装→成品

2. 操作技术要点

(1)从原料选择到成分调整 工艺操作同原果汁加工工艺一样。

(2)浓缩 果汁经脱水浓缩,将果汁中的可溶性固形物从5%～20%提高到60%～75%。果汁浓缩后容积缩小,节省包装和运输费用,便于贮运;糖、酸含量提高,延长了果汁的贮藏期。近年来,浓缩果汁产量增加很快,尤其是橙汁和苹果汁以浓缩形式居多。

常用浓缩方法如下:

①真空浓缩。利用真空浓缩设备,在减压条件下,使果汁沸腾,并使果汁中的水分迅速蒸发。真空浓缩设备由蒸发器、真空冷凝器和附属设备组成。芳香物质的回收是真空浓缩生产中不可缺少的工序。

②冷冻浓缩。低温下果汁中的水分先行结冰,而剩余的溶液由于溶质浓度不断增加,导致冰点逐渐下降,最后将冰晶体与浓缩液分离,从而得到浓缩汁。

冷冻浓缩避免了热力和真空作用,挥发性芳香物质损失少,果汁质量高,且耗能较真空浓缩低。但冷冻浓缩设备价格高,冷冻浓缩效率不高,不能把果汁浓缩到55糖锤度以上,除冰晶时会

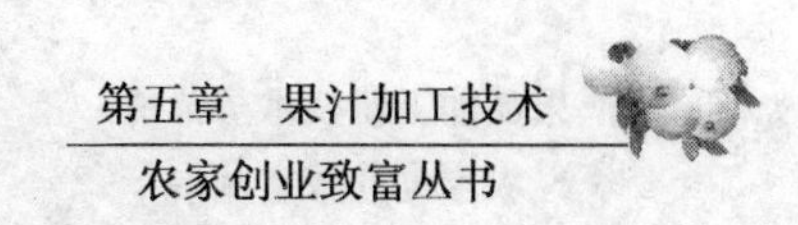

损失部分果汁，冷冻浓缩还不能抑制微生物和酶活性，浓缩汁还必须热处理或冷冻贮藏。

③膜浓缩法。属于现代膜技术，已广泛用于生产实践，主要采用反渗透法和超滤浓缩法对果汁进行浓缩。膜浓缩法的优点是不需加热，在常温下实现浓缩；品质变化小；在密闭环境中进行操作，不受氧的影响；挥发性成分损失少；能耗低。缺点是不能将果汁浓缩到高浓度状态，因而主要作为果汁的预浓缩工序。

五、果汁饮料加工工艺

果汁饮料的主要原料为水果原汁、原浆或浓缩汁。果汁饮料的常用辅料有白砂糖、甜味剂、柠檬酸、防腐剂和软化水等。为改良品质，提高稳定性，可添加柠檬酸钠、三聚磷酸钠、焦磷酸钠等改良剂。为防止氧化，可添加抗坏血酸、异抗坏血酸钠等。为增加产品的稠度，改进口感，可加用果胶、卡拉胶、黄原胶、CMC、海藻酸钠等。为改进风味，可添加香精香料。为改善色泽，可添加食用色素。但所有添加剂必须严格执行 GB 2760—2007《食品添加剂使用卫生标准》。

1. 工艺流程

原料选择→{原果汁(浆)或浓缩果汁；白砂糖(食盐)及食品添加剂；软化水}→调配→灌装→密封→杀菌→冷却→成品

2. 操作技术要点

(1)确定水果原汁含量和糖酸比　世界各国规定的水果原汁最低含量各不相同，我国按 GB 10789—89 执行。大多数果汁的糖酸比为 13∶1～15∶1，果汁饮料的糖酸比一般大于果汁。

(2)调配　是果汁饮料生产的关键工艺。果汁饮料一般先将白砂糖溶解配成浓度为 55％～65％的糖浆，再依次加入一定浓度的甜味剂、防腐剂、柠檬酸、色素、香精等添加剂和原果汁，最后用软化水定溶、过滤。生产混浊果汁饮料还需均质、脱气等工序。

灌装、密封、杀菌、冷却等操作与原果汁工艺相同。

第三节　果汁产品常见质量问题及控制措施

一、后混浊、分层及沉淀

澄清汁在加工和贮藏中重新出现不溶性悬浮物或沉淀物，这种现象称后混浊现象，是果汁生产中存在的主要问题，混浊汁在存放过程中有时会发生分层及沉淀现象。

(1)澄清汁的后混浊现象及控制措施　澄清汁的后混蚀现象是果汁中多酚类化合物、淀粉、果胶、蛋白质、氨基酸、阿拉伯聚糖、石旋糖苷、微生物及助滤剂等化合物在一定条件下发生酶促反应、美拉德反应及蛋白质的变性反应等，产生沉淀而造成的。后混浊控制措施有：

①选择新鲜、成熟、无损伤的果品做原料。

②注意原料的清洗消毒、机械设备的清洁卫生，减少微生物的数量。

③适量添加澄清剂，降低果汁中多酚类物质和蛋白质的含量。

④合理添加酶制剂，严把澄清工序质量关，使果肉中果胶、淀粉分解完全，以避免发生后混浊现象。

⑤改进制汁工艺。可以采用轻柔的压榨方法，降低阿拉伯聚糖等后混浊物质的溶出。

⑥应用超滤技术，可以降低引起后混浊的多种成分含量。

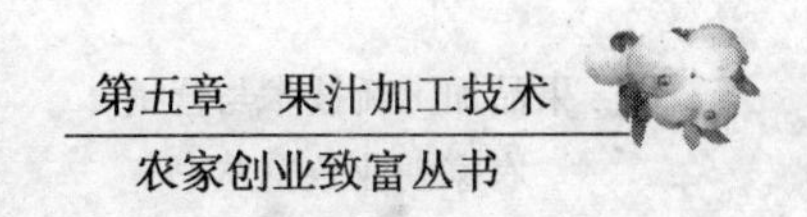

⑦低温贮藏，可降低引起后混浊的各类化学反应的速度。

(2)分层及沉淀现象及控制措施

①降低颗粒的体积。利用胶体磨和高压均质机降低果肉颗粒的体积，即先用胶体磨进行细化，再用均质机经1～2次均质，使果肉颗粒直径小于1微米。

②降低颗粒和液体之间的密度差。加入高酯化和亲水的果胶分子，作为分子包埋颗粒，可降低密度差；提高汁液浓度，进行脱气处理等减少汁液中气泡和空气夹杂物，来提高密度差。

③添加稳定剂，增加分散介质的黏度。稳定剂是一些亲水性高的高分子化合物，具有保护胶体、防止凝胶沉淀的作用。常用稳定剂有果胶、黄原胶、羚甲基纤维素钠、海藻酸钠、琼脂、阿拉伯胶等。这些稳定剂可单独使用，也可混合使用。

二、果汁败坏

果汁败坏有长霉、发酵、变酸三种。造成果汁败坏的微生物主要有细菌、酵母菌和耐热性的霉菌。为防止果汁败坏，必须将控制措施贯穿到整个生产过程中。

①选用新鲜、无病虫害、无霉烂的果汁加工原料，制汁前必须充分清洗和消毒，并进行烫漂处理。

②对加工场所及机械设备进行清洗消毒，保持清洁卫生。

③果汁进行高温杀菌处理，达到质量标准。

④成品在低温、干燥、通风的环境条件下保存。

三、营养成分损失

果汁在加工和贮藏过程中，营养成分(维生素、矿物质、芳香物质)都会有不同程度的损失，尤其是维生素C具很强的还原性，易发生氧化而损失。为减少营养成分的损失，可采取以下措施：

①加工过程尽量减少氧气与果汁的接触。

②采用真空脱气处理,可减少维生素C的损失。

③应用先进的加工技术,如酶技术、膜分离技术等,减少营养损失,在适宜低温下贮藏,贮藏期不要过长。

四、罐内壁腐蚀

果汁一般为酸性食品,对马口铁有腐蚀作用。提高罐内真空度、采用软罐进行包装、降低贮温等都可防止罐内壁腐蚀。

五、果汁澄清效果检验

(1)果胶检验 从车间取酶解后的果汁进行过滤成为清亮果汁,向每份果汁中加入1～2份96%的酸化酒精(酒精用1%硫酸或盐酸酸化),混匀后看是否有沉淀。如果有果胶,则继续进行果胶酶解。若混匀后无沉淀可进入下一道工序。

(2)淀粉检验 将未进行过加热处理的果汁加热80℃以上,冷却至室温后,取5毫升果汁加2～4滴1%的碘化钾混合液,如溶液变蓝说明有淀粉,如溶液变为褐色说明淀粉降解不完全,如溶液变黄色,说明无淀粉,可以进入下一道工序。

(3)后混浊检验 将果汁加热至80℃,然后在-18℃冻结,约1小时后解冻观察,果汁应保持澄清透明。如果果汁混浊,则可能会发生后混浊现象,需要继续查找混浊原因。

第四节　常见果汁加工实例

一、甜橙汁加工

(1)工艺流程 原料选择→洗果→预煮→压榨→过滤(粗滤和精滤)→调配→均质→装罐、排气→密封、冷却→擦罐→贴标签、装箱→成品

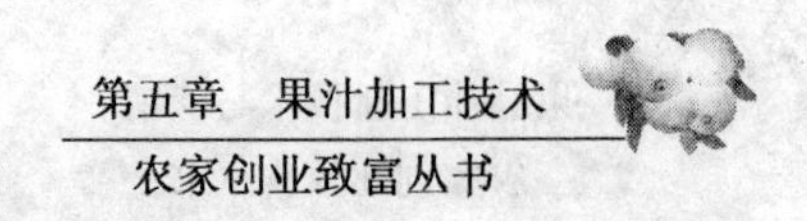

(2)操作技术要点

①原料选择。选择皮薄汁多、甜酸适度、风味浓厚、无病虫害、无霉烂、完全成熟的鲜果做原料。可选用锦橙、先锋橙、晚生橙、化州橙、伏令夏橙、哈姆林橙以及脐橙等品种。

②洗果、预煮。把橙果充分洗净，再将其浸泡在0.1%高锰酸钾溶液中2～3分钟，以除去残留农药，最后用清水洗净。如带皮榨汁，可将甜橙预煮1～2分钟，以减少榨汁的果皮油含量。

③压榨、过滤。用取汁机取汁，再经螺旋压榨机(筛孔径0.3毫米)榨汁一次。也可用手工或半机械榨汁器取汁，若采用手工或半机械化榨汁器取汁，要先后用20目振动筛和80目织布振荡筛过滤两次，以便使果汁与果渣分离。

④调配、均质。将各次压榨橙汁混合起来，测定其可溶性固形物和含酸量后，用白砂糖和柠檬酸将果汁的可溶性固形物含量调至15%～17%，总酸度调至0.8%～1.6%(以柠檬酸汁)，另加0.05%的苯甲酸钠进行防腐，然后将果汁在高压均质机中进行均质，要求在10～20兆帕压力下完成均质，使果肉微粒均匀悬浮于果汁中。

⑤装罐、排气。将均质后的果汁立即进行装罐，使果汁表面到罐翻边处相距4～8毫米，待封罐后顶隙高度为3～5毫米。装罐后放入排气箱，以热水或蒸汽进行加热，使果汁温度达到85℃，起到排气杀菌的作用。

⑥密封、冷却、擦罐贴标、装箱。趁热将装罐后的果汁进行密封，并倒置2～3分钟，然后在流水槽中冷却或喷水冷却，冷却至38℃即可。擦去罐头表面的水分，送往仓库，在20℃下贮藏，一周后进行检验，合格后贴上商标、装箱。

(3)质量要求　好的甜橙汁色泽橘黄，具有柑橘汁罐头应有的风味，酸甜适口，无异味；汁液均匀混浊，静置后允许有沉淀，但经摇动后仍呈原有混浊状态，不允许杂质存在，可溶性固形物含量为 11%～15%，总酸度(以柠檬酸汁)为 0.8%～1.3%。

二、菠萝汁加工

(1)工艺流程 原料选择→洗涤→去皮→粉碎、榨汁→预热、过滤→调配→加热、装罐、密封→杀菌、冷却→成品

(2)操作技术要点

①原料选择。选择新鲜优质、纤维少、果肉柔软多汁、甜酸适宜、风味浓郁、成熟的果实做原料。剔除病虫果、腐烂果及未成熟的果。

②洗涤、去皮。用清水洗净果实外表附着的泥沙和杂质，用菠萝联合加工机削去外皮，切去两端。如利用生产糖水菠萝罐头中收集的碎果肉屑，应去除青皮和杂质。

③粉碎、榨汁、预热、过滤。使用打浆机或磨浆机进行粉碎。如果是大规模生产，用连续榨汁机压榨出汁率高。将压榨的果汁进行预热，加热至 60℃～62.8℃，然后先通过粗滤筛除去粗大果肉屑，再通过尼龙网纱或通过高速离心机除去多余的细屑。

④调配。过滤后的果汁先测定可溶性固形物含量和含酸量，然后按产品要求标准，对果汁糖、酸比例进行调节，用浓度 50%的糖溶液，将果汁可溶性固形物调整到 12%～16%；再用柠檬酸将果汁含酸量调整到 0.6%～0.9%，糖酸比为 18∶1～20∶1。

⑤加热、装罐、密封、杀菌、冷却。混合好的果汁送入热交换器中加热到 60℃～63℃。如使用蒸汽加热，温度不能超过 90℃，加热时间不超过 8 分钟。将加热的果汁迅速装罐，用封罐机密封，密封后，立即在沸水中煮 5 分钟进行杀菌。杀菌后，分段快速冷却至 35℃～40℃。

(3)质量要求 好的菠萝汁呈淡黄色至黄色；汁液均匀混浊，长时间静置有沉淀；具有菠萝应有的风味，无异味；含酸量为 0.6%～0.9%(以柠檬酸计)，可溶性固形物含量为 12%～16%。

三、桃汁加工

(1)工艺流程　原料选择→清洗→切半去核→浸泡护色→加热打浆→调配→均质→杀菌、装罐→密封、冷却→入库→成品

(2)操作技术要点

①原料选择。选用充分成熟的果实为原料，去除病虫害果、霉烂果、机械损伤果以及着色不良果。

②清洗。先用清水洗去果面污泥，用刷子刷去桃子表皮上的绒毛，用1%盐酸溶液去除残留农药，再用清水冲洗，沥干水分。

③切半去核、浸泡护色。将洗净的桃子用不锈钢水果刀对半切开，并挖去桃核，削去伤烂斑点和影响风味的果肉后，立即投入0.1%的维生素C及柠檬酸混合液中浸泡，防止变色。

④加热打浆、调配。果块放入温度为90℃～95℃热水中煮3～5分钟，使其软化，再通过孔径为0.5毫米的打浆机打浆，除去果皮。将桃果浆250千克加水180千克，充分混合稀释均匀，经离心机或过滤除去粗颗粒纤维，再按下列配比加入各种原配料：桃果浆450份、浓度27%的糖水365份，柠檬酸2份，维生素C 0.3～0.8份，充分搅拌均匀。

⑤均质。将混合的果汁吸入真空度为86.6千帕的罐内脱气，并用均质机均质。均质压力为12.7兆帕。

⑥杀菌、装罐、冷却。果汁加热至95℃，保持1分钟，立即趁热装罐，旋紧瓶盖，将罐倒置1分钟，然后迅速分段冷却至38℃左右，入库贮存。

(3)质量要求　成品桃汁呈粉红色或黄褐色，允许带暗红色；具有桃汁应有风味，无异味；汁液均匀混浊，长期静置后有微粒沉淀；可溶性固形物含量达10%～14%。

四、枇杷汁加工

(1)工艺流程　原料选择→清洗→预煮→打浆→榨汁→配料

→均质→加热、装罐→密封、杀菌→冷却→擦罐→入库→成品

(2)操作技术要点

①原料选择。选用成熟度良好的枇杷果为原料。成熟度低的枇杷果要先经过后熟处理。也可利用加工罐头时剩下的碎枇杷果肉。

②清洗、预煮。将选好的原料用1%的盐水或0.1%的高锰酸钾溶液浸泡后洗涤,再用清水漂洗。把100千克的枇杷果加15%的糖液105千克,放进夹层锅中加热至90℃～95℃,预煮10～15分钟。

③打浆、榨汁。待枇杷果软化后,趁热送进孔径为0.5毫米的打浆机中打浆,反复打浆1～2次,再将果浆放进榨汁机中榨汁,也可使用手压式压榨机压榨。之后,在榨汁后的果渣中加入净水,占果渣重15%,搅拌均匀后,再行第二次压榨,最后把两次榨出的汁液混合。

④配料、均质。在枇杷汁中加入白砂糖,将糖度调为17%,加入柠檬酸将酸度调至0.5%,再添加0.01%～0.02%的抗坏血酸,可防止枇杷汁变色。将调配好的枇杷汁在13.73～17.65兆帕(140～180千克/厘米^2)的压力下进行均质。

⑤加热、装罐、杀菌。先把洗净的玻璃瓶和易拉罐在沸水中煮5～10分钟,同时,将枇杷汁放入夹层锅中迅速加热至85℃左右,趁热装罐。瓶盖必须先用沸水消毒5分钟,再加盖密封。密封后,投入100℃沸水中煮3～10分钟,进行杀菌;然后分段冷却至38℃左右,入库贮存。

(3)质量要求 成品枇杷汁呈橙黄色,具枇杷的风味,酸甜适口,无异味;汁液混浊均匀,浓淡适中,长时间静置后允许有少量沉淀物及轻度分层;原果汁含量不低于45%,可溶性固形物含量达17%～20%。

五、杨梅汁加工

(1)工艺流程　原料选择→清洗→糖渍取汁→调配→装罐、密封→杀菌、冷却→成品

(2)操作技术要点

①原料选择。选择新鲜、无病虫害、无霉烂、风味好、充分成熟的杨梅做原料。剔除枝叶、青果等。

②清洗。将杨梅浸泡于浓度为3%的盐水中10～15分钟，然后在流动清水中漂洗，洗净盐水和杂质。

③糖渍取汁。将100千克杨梅放进夹层锅中，加入白砂糖40千克，水10千克，缓慢加热至65℃，保持10分钟，出锅后倒入缸中浸渍12～16小时，然后过滤，之后将果渣中再加清水（占果渣重50%）浸泡10分钟再过滤，最后将两次滤汁混合备用。

④调配。先测定果汁糖度，将糖度调整到14%～16%，再测定果汁酸度，用柠檬酸将酸度调整到0.7%左右，然后倒入夹层锅中，加热至85℃后出锅，过滤。

⑤装罐密封。过滤后，将杨梅汁立即装罐，并进行真空密封。密封时，汁液温度不低于70℃。

⑥杀菌、冷却。将经过密封后的杨梅汁，趁热投入沸水中，杀菌5分钟，然后分段冷却至38℃以下。

(3)质量要求　成品杨梅汁色泽呈紫红色或淡红色，清晰均匀，静置后允许有少量沉淀；原果汁含量不低于35%，可溶性固形物含量达14%～16%，总酸度以酒石酸计为0.6%～0.8%。

六、橄榄汁饮料加工

(1)工艺流程　原料选择→清洗→热烫→破碎、去核→挤汁→酶解→过滤→调配→预热、灌装→杀菌、冷却→成品

(2)操作技术要点

①原料选择。选择无病虫害、无霉变、无腐烂的新鲜果实做原料。

②清洗。除去枝叶等杂质,用清水洗净果面灰尘和微生物,沥干水分。

③热烫、破碎去核、挤汁。水中加入少量碳酸氢钠,沸水热烫3~5分钟,去除表皮蜡质层,使果肉组织软化。成熟的橄榄肉质紧密,果粒坚硬,需破碎去核后,采用螺旋榨汁机挤汁。

④酶解。将榨出的果汁加入果胶酶,果渣加等量水调 pH 值至 4.5~5.0,同时也加入果胶酶处理 3~5 小时,每隔 1 小时搅动一次。果胶酶的加入使制汁率提高了 25%~30%,出汁率达65%~70%,而制成的橄榄汁仍保持良好的滋味和橄榄固有风味,而且过滤速度明显提高。

⑤过滤、调配。酶解后,将所得的果汁通过 120 目振荡筛过滤,除去汁液中颗粒较大的果肉后,加入 1%硅藻土,采用板框压滤,制得澄清透明、具有橄榄特有风味的橄榄汁,可溶性固形物含量在 5%~6%,然后进行调配,使产品可溶性固形物含量达 10%~12%,酸度达 0.20%~0.25%,原果汁含量≥20%。

⑥预热、灌装、杀菌、冷却。把调配好的果汁预热至 55℃~60℃,进行灌装,然后进行沸水浴杀菌 5~10 分钟/100℃,用流动冷水冷却至 38℃,擦干罐面水分,即可入库贮存。

(3)质量要求 成品橄榄汁饮料色泽淡绿色,清晰均匀;久置后允许有少量沉淀,但摇动后呈均匀状态;具有橄榄原汁固有滋味和气味,无异味;可溶性固形物含量达 10%~12%,酸度 0.2~0.25 克/100 毫升。

七、澄清苹果汁加工

(1)工艺流程 原料选择→清洗→破碎→压榨→澄清→过滤

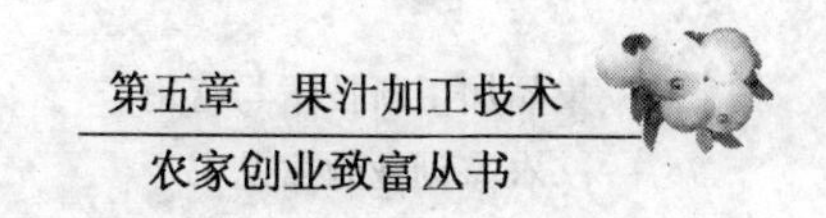

→调配→杀菌→灌装

(2)操作技术要点

①原料选择、清洗。选择中晚熟的红玉、倭锦、金冠、红星、青香蕉、国光、秦冠、富士、澳洲青苹等品种为原料。为保证果汁质量和压榨的顺利进行,原料必须进行挑选,剔除霉变果、腐烂果、未成熟果、未受伤变质果。用清水洗净果面泥沙和杂质,如有农药残留,可用0.5%～1%盐酸或0.1%～0.2%的洗涤剂浸洗,然后再用清水冲洗。

②破碎、压榨。使用苹果磨碎机或锤碎机将苹果粉碎,破碎要适度,颗粒大小要求一致,过大过小都会降低出汁率,一般破碎至3～8毫米大小的颗粒。带式榨汁机是现在苹果汁生产中较先进的榨汁机械。该机械主要由上下两条多孔带、转筒和压辊组成。转筒和压辊表面贴有橡胶并带有孔,吸取了包裹式榨汁机和螺旋榨汁机的优点,可以说是一种连续式的包裹式榨汁机。苹果果实含果胶量较多,榨汁前必须进行脱果胶处理。可将破碎的果肉加热到85℃,保温1分钟左右,然后冷却到65℃;也可用果胶酶处理,果胶酶的用量根据苹果原料的果胶含量来确定,一般在0.3%～0.4%,酶分解温度在40℃～50℃,处理时间为2～3小时。

③澄清。是生产苹果澄清汁的最主要工序,通过该工序可除去苹果汁中的大颗粒果肉。澄清的方法主要有果胶-明胶-硅溶液澄清法、硅藻土澄清法、明胶-硅溶液澄清法等。

果胶酶-明胶-硅溶液澄清法是用0.07%的果胶酶在45℃以下保温2小时后,每100升果汁中加入明胶8克,硅溶液80克,搅拌均匀,常温下静止60分钟后进行分离。

硅藻土澄清法是将硅藻土制成40～50克/升的悬浮液后,倒入果汁中充分搅拌20分钟。硅藻土的最高使用量为450克/升,不可使用过多,否则会造成苹果汁的后混浊。

明胶-硅溶液澄清法一般1升苹果汁加入1.2克的硅溶液和

0.06～0.2克的明胶。首先将硅溶液和苹果汁混合均匀，然后一边搅拌一边加入明胶，0.5～3小时后果汁中就会出现絮状物，静止一段时间就可以得到澄清汁。

利用酒精检查果汁中果胶是否除净。取出澄清的苹果汁5毫升，将95%的酒精滴入苹果汁中，若产生絮状沉淀，说明果胶没有除净。

④过滤。过滤的目的是除去苹果汁中的固体粒子，包括果肉微粒、澄清过程中出现的沉淀物及其他杂物。过滤主要采用板框式过滤机、叶式过滤机和硅藻土过滤机、离心式分离机、过滤式离心机及膜分离机等。

板框式过滤机是目前最常用的过滤设备之一，是作为苹果汁超滤澄清的前处理设备。硅藻土过滤机是在过滤机的过滤介质上覆上一层硅藻土进行过滤的过滤机。该设备在小型苹果汁生产企业中应用较多，具有成本低、分离效率高等优点，缺点是硅藻土等助滤剂容易混入苹果汁，给以后的作业造成困难。

膜分离技术是近年来发展起来的新技术。在苹果汁澄清工艺中所采用的膜主要是超滤膜，膜材料有陶瓷膜、聚砜膜、磺化聚砜膜、聚丙烯腈及其共混膜。使用超滤膜制得的苹果澄清汁优于其他澄清方法。平板式超滤膜组件目前使用也较为广泛。

⑤调配。根据原料的糖酸度将苹果汁糖度调整为12%，酸度调整为0.4%左右。

⑥杀菌。苹果汁生产中主要采用巴氏杀菌法和瞬时高温杀菌法。巴氏杀菌法是在温度为85℃～100℃杀菌数分钟。高温瞬时杀菌法的方法是在温度为135℃条件下，杀菌数秒或杀至6分钟。

⑦灌装。目前灌装方法有热灌装、冷灌装和无菌灌装等。

热灌装：将苹果汁加热杀菌后立即灌装，对瓶盖进行杀菌之后封口，将瓶子倒置10～30分钟，迅速冷却。

冷灌装：先将苹果汁灌入瓶内封口，再放入温度为90℃杀菌

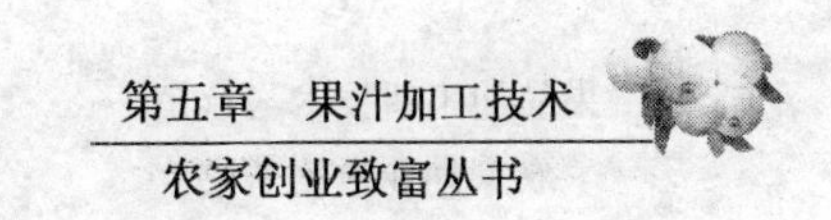

釜内杀菌 10～15 分钟。

无菌灌装:灌装条件是苹果汁无菌、包装容器无菌、罐装空间也要无菌。

(3)质量要求　成品苹果汁呈淡黄色,澄清透明无沉淀,无异物;酸甜适口,有苹果独有风味;含糖量为 12%以上,酸度为 0.4%左右。

八、澄清梨汁加工

(1)工艺流程　原料选择→清洗→热烫→破碎、打浆→护色→果胶酶处理→榨汁、筛滤→澄清→成分调整→杀菌→灌装→冷却→成品

(2)操作技术要点

①原料选择。选择汁液多、酸甜适中、出汁率高且香气浓的丰水梨、安梨、酥梨、鸭梨、晚三吉等石细胞少的品种做原料,要求果实新鲜、成熟度为八九成熟。

②清洗、热烫。剔除病虫害和腐烂的梨果,用清水洗净果皮上的泥土、农药残留物及表面的微生物。梨果的清洗一般先浸泡后喷淋,对于农药残留较多的果实,洗涤时可加 1%稀盐酸或脂肪酸系洗涤剂进行清洗。将清洗后的果实在温度为 100℃水中热烫 3 分钟,迅速捞出冷却、沥干水分。

③破碎、打浆、护色。梨榨汁前先破碎,这样有利于提高梨的出汁率。目前常用辊压式破碎机对梨果进行破碎,碎肉大小 3～4 毫米为宜。为防止氧化褐变,在破碎工序中加入占果重 0.035%的维生素 C、0.03%硫酸氢钠和 0.1%柠檬酸进行护色处理。

④果胶酶处理。梨果浆加入果胶酶,以提高出汁率。每千克果浆加果胶酶 2.5 克,酶解温度为 45℃,酶解时间为 2.5 小时。

⑤榨汁、筛滤。将经果胶酶处理过的梨果浆利用螺旋压榨机压榨,榨汁后进行粗滤,滤孔为 0.5 毫米左右,将碎块、果核及果

皮等滤出。

⑥澄清。用于梨汁澄清的方法有单宁-明胶法、酶膜分离法、无机陶瓷微滤膜法等。

单宁-明胶法：先采用单宁-明胶法澄清，后添加硅藻土，通过压力过滤即获得稳定透明的梨汁饮料。

酶膜分离法：先用果胶酶、淀粉酶分解梨汁中的果胶物质，瓦解梨汁中的胶体结构，使梨汁的悬浮微粒沉降；再加入琼脂促使果胶分子纤维素、单宁等不溶性大分子物质凝结，初步过滤澄清；最后将初步澄清的果汁通过管式超滤膜过滤。

无机陶瓷微滤膜法：使用 0.2 微米膜澄清梨汁效果好。

⑦成分调整。为改进风味和符合果汁产品要求，需调整糖酸比例，但不能调整过大，以免失去果汁原有的风味。绝大多数糖酸比例在 13∶1～15∶1 为宜。

调整糖酸的方法：在鲜果汁中加入适量砂糖和食用酸（柠檬酸或苹果酸、富马酸）。梨汁调整后，原果汁含量 10%～40%，可溶性固形物含量达 9%～10%，固酸比 35∶1～40∶1。

⑧杀菌、罐装、冷却。梨汁多采用瞬间灭菌器杀菌，温度在 93℃±2℃，保持时间 30 秒，可杀死梨汁中各种微生物和钝化引起果汁褐变的酶类物质。杀菌后应迅速冷却，封罐的真空度应大于 0.0507 兆帕。

九、葡萄汁加工

(1)工艺流程　原料选择→清洗→挑选、去梗→破碎→加热提色→压榨→过滤→调配→澄清→加热→装罐、密封→杀菌、冷却→成品。

(2)操作技术要点

①原料选择。应选择风味浓、汁多、果实新鲜、充分成熟、呈紫色或乌紫色如玫瑰香、佳利酿、黑虎香等品种做原料，剔除未熟

果、过熟果及机械伤果。

②清洗、去梗。用0.03%的高锰酸钾浸泡3分钟，然后用流动的水漂洗至清水不带红色为止。果梗成熟时几乎都是木质素，含有1%～2.5%单宁、0.5%～1.5%的酸成分以及少量苦味物质，所以制汁时必须去梗，并挑出霉烂、病虫等不合格果。

③破碎、加热提色。用破碎机破碎。破碎时切忌将果核打破。将破碎果加热至60℃～70℃，保持15分钟，或加热70℃保持5分钟，使葡萄果皮上的色素充分溶入果汁中。

④压榨、过滤。用压榨机取汁或手工榨取汁，再用0.3～0.5毫米筛网或绒布袋过滤，除去果汁中的悬浮物，然后将过滤果汁移入贮料桶中。

⑤调配。用浓度为20%的糖液将果汁糖度调至16%，再在果汁中添加偏酒石酸。一般每100千克果汁用2%的偏酒石酸溶液3千克，以防止果汁中析出酒石酸。

2%偏酒石酸的配制方法：称取偏酒石酸1千克加水49千克，浸泡2小时，并不断搅拌，再煮5分钟，停止加热后，充分搅拌使之迅速溶解，立即用绒布过滤，加水至50千克，然后用冰水迅速冷却。

⑥澄清、加热、装罐、杀菌、冷却。采用单宁-明胶法，在100千克果汁中加入4～6克的单宁，8小时后，再加6～10克明胶，澄清温度以8℃～12℃为宜。当果汁絮状物全部沉入底部，即完成澄清过程，再用虹吸管吸出澄清液。用夹层锅将果汁加热到80℃～85℃，除去上层泡沫，把果汁装入已消毒的玻璃罐中，加盖密封，盖子必须先经沸水消毒5分钟，放入85℃的热水中杀菌15分钟，然后逐渐加冷水降温至35℃（即分段降温），擦罐，入库，检验，贴商标。

(3)质量要求　成品葡萄汁呈紫红色或浅紫色；具有葡萄鲜果汁香味，酸甜可口，无异味；汁液清澈透明，长期放置允许有少量沉淀和酒石酸结晶析出；可溶性固形物含量按折光仪计为

15%～18%，以酒石酸计总酸度为0.4%～1.0%。

注意加工过程切忌接触铁、铜金属，以防色变。加工红葡萄必须采用抗酸涂料罐。破碎时加入抗坏血酸，具有改善果汁色泽与风味的效果。

十、果肉杏汁加工

(1)工艺流程 原料选择→清洗→切分、去核、破碎→预煮、粗滤→糖酸调配→脱气、均质→杀菌、冷却→装罐

(2)操作技术要点

①原料选择、清洗。选择充分成熟、果肉橙黄色、糖酸丰富、风味好、香气浓郁、出汁率高、新鲜离核的果实做原料，剔除病虫果、霉烂果。先用清水浸泡，然后用清水冲洗干净。若有农药残留，可用0.5%～1.0%的盐酸溶液处理，再用清水冲洗干净。

②切分、去核、破碎。用手工或机械将果切半，去核，再用压榨机将果肉打成浆。

③预煮、粗滤。将打成的果浆进行加热，温度控制在60℃～70℃，加热时间为15～30分钟，使果浆中的果粒软化，同时加入少量维生素E、柠檬酸或少量食盐，以利于护色。用过滤网或过滤袋将悬浮物和杂质滤掉。

④糖酸调配。果浆先进行糖酸检测，然后添加白砂糖和柠檬酸，将杏汁调配成含糖量为17%，含酸量为0.5%，即糖酸比为13∶1～15∶1。杏汁不宜添加人工香精，以保持天然浓郁的鲜杏风味。

⑤脱气、均质。利用真空负压或氮气由下往上驱除杏汁中的氧气，以保持杏汁中维生素C和鲜艳的色泽，并使用均质机，在13.4～20兆帕下，将果肉滤过0.002～0.003毫米的筛网，使杏肉在高压冲击下破碎成微粒，悬浮于杏汁中而不沉淀。

⑥杀菌、冷却、装罐。利用热交换器在135℃的温度下用15～30秒时间杀菌，并迅速分段冷却，以保证杏汁质量。在高温灭

菌后，将无菌杏汁装入罐内，然后封罐。经检验合格后装箱，在通风良好、阴凉、干燥处存放。

(3)质量要求　好的杏汁呈橙黄色或深黄色，汁液混浊均匀，久置有沉淀微粒，具浓厚杏汁风味；原果汁含量不低于45%，糖浓度为15%～20%，总酸为0.5%～1%，可溶性固形物含量达15%～20%。

十一、山楂消食降压浓缩汁加工

山楂消食降压浓缩汁属纯天然药食两用的绿色饮品，采用真空低温萃取技术，保留了原料的天然营养成分，克服了高温萃取容易氧化和营养成分损失的缺点；同时，利用植物互补原理，辅以杏仁，金银花等天然原料，具有止咳润肺、消除疲劳、降火消炎以及消除疲劳、清肺止咳之功效。该饮品还对儿童厌食、贫血，中老年高血压、气管炎等病症有一定辅助疗效。该产品为浓缩液，保质期长，携带方便，饮用时，兑入10～15倍开水即可。

(1)工艺流程　原料选择→清洗→护色→低温萃取→杏仁磨浆、金银花取汁→配料、真空浓缩→高温瞬时灭菌→灌装→成品

(2)操作技术要点

①原料选择。选用优质山楂即果形大、肉厚、含糖量高、颜色红润的新鲜果实为原料。剔除霉烂、病虫害及未成熟的残次果。

②清洗、护色。选好的山楂果用清水漂洗干净，沥干水分。将山楂果送进熏房进行硫黄熏蒸，硫黄用量是山楂总重量的2%。熏硫时，为使硫黄燃烧充分，在硫黄中需加入适量木屑。熏完后，用清水洗去山楂果表面的硫。熏硫不但护色，还可起到保护维生素C的作用。

③低温萃取。在低温萃取罐中放入水(大约为原料的3倍)，先将其加热至60℃，然后倒进山楂果，抽真空至0.06兆帕，保持10分钟，然后破去真空，在常温下浸渍12小时左右。浸渍期间需

要抽真空2～3次，每次抽真空时间为10分钟，运用内外压力使山楂中的可溶性物质尽快溶入水中。为增加出汁率，在浸渍时可加入50毫克/升的果胶酶，以分解果胶。浸渍结束后，采用压榨过滤机进行压榨过滤。

④杏仁磨浆、金银花取汁。苦杏仁要反复煮沸，以便除去毒素。将去毒的杏仁中加适量的水，在磨浆机中磨成细浆。将金银花用医用纱布包好，在清水中煮沸并浸泡一定时间，过滤取汁。

⑤配料、真空浓缩。将滤好的山楂汁、杏仁浆、金银花汁按比例(鲜山楂50千克、杏仁5千克、金银花5千克、水40千克)，放入配料缸中，搅拌均匀后放入真空浓缩罐中，温度可控制在50℃，在真空度0.09兆帕下进行浓缩。浓缩时注意温度与真空度的变化，以防止浓缩汁溢出罐外。当料液可溶性固形物含量达70%时，即可出罐。

出罐后，趁热在胶体磨中细磨，使成品口感更细腻润滑，并防止浓缩汁沉淀和分层。

⑥高温瞬时灭菌、灌装。对浓缩液进行高温瞬时灭菌，温度达160℃，时间为15秒，出料时将温度控制至60℃。杀菌后，立即装罐，装罐温度控制在60℃左右。灌装后倒置，进行瓶口杀菌，然后通过冷水冷却降温至30℃。

十二、猕猴桃汁加工

(1)工艺流程 原料选择→清洗→破碎压榨→调配→脱气→均质→加热、过滤→装罐→密封→杀菌→冷却→成品

(2)操作技术要点

①原料选择。选用充分成熟、果肉色泽一致、组织变软的新鲜果实做原料，剔除成熟度不够或发霉变质、有病虫害和破裂的果实。

②清洗、破碎压榨。用流动清水洗去果面上泥沙、杂质和绒

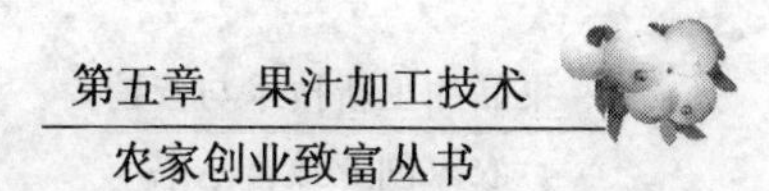

毛。将漂洗干净的猕猴桃用手工或双滚筒破碎机破碎，并反复破碎2～3次，然后将破碎后的果肉放入压汁机内榨汁。第一次榨汁后的果渣加入15%清水(为果渣的15%)，搅拌均匀后再压榨一次，将两次榨汁混合。

③调配。为改进果汁风味，需调整糖酸比例。一般产品按含原果汁30%、糖度16%±2%、总酸0.4%±0.1%调配。优质产品含原果汁60%，补加适量水、糖、酸(柠檬酸)配成。

④脱气、均质。可用蒸汽喷射排气法，使果汁中的气体迅速逸出，抑制果汁褐变，然后用高压均质机在12.64～19.6兆帕压力下进行均质，促使果肉颗粒细化，大小均匀，悬浮于果汁中。

⑤加热、过滤。将均质后的果汁迅速加热到90℃，使果汁的蛋白质等胶粒凝固沉淀，提高装罐温度，增强杀菌效果。加热后立即过滤。

⑥装罐、密封、杀菌、冷却。趁热装罐、密封。密封时，果汁温度不低于85℃。如果用真空密封，则真空度为46.6千帕左右。密封后立即杀菌，用3～5分钟升温至沸水杀菌8分钟，然后迅速降温到37℃左右即为成品。

十三、草莓原汁加工

(1)工艺流程　原料选择→清洗、去果柄、去萼片→烫漂→榨汁→过滤→调配→杀菌→装罐→成品

(2)操作技术要点

①原料选择、清洗、去果柄、去萼片。选择新鲜充分成熟、无病虫害、无霉烂的果实做原料。可选用两个品种以上草莓搭配使用，如索菲亚与宝交早生或春香搭配。在流水槽中浸洗，洗去泥沙和叶片之类杂质；洗净后用0.03%的高锰酸钾溶液浸泡1分钟，然后再用流水冲洗2～3次，摘除果柄和萼片后再淋洗1次，然后沥去水分待用。

②烫漂。将沥干水的草莓倒入沸水中烫 30～60 分钟，使草莓果中心温度达 60℃～80℃即可，然后捞出，放在干净的搪瓷盆中。果实加热后，减少了胶质的黏性，钝化了酶活性，阻止维生素的氧化，有利于色素榨出，并可提高出汁率。

③榨汁、过滤。草莓先用不锈钢绞肉机破碎，再通过压榨机压榨和离心甩干机甩干后，出汁率达 75%左右。为防止榨出的草莓汁变质，需添加 0.05%苯甲酸钠作为防腐剂。在常温条件下将草莓汁放入密闭的容器中，静置 3～4 天即可澄清。低温澄清速度更快。最后将澄清汁经孔径为 0.3～1.0 毫米的刮板过滤机或内衬 50 目绢布的离心机细滤。

④调配。检测草莓汁的糖、酸度。将草莓汁糖度调整在 7%～13%，酸度不低于 0.7%～1.3%，固酸比为 20∶1～25∶1，增加汁液的风味。

⑤杀菌。将调配好的草莓汁加热到 80℃～85℃，保持 20 分钟，杀死果汁中的酵母菌和霉菌。如果汁较混浊，可采用超高温灭菌法，在 135℃温度中保持数秒钟，可减少加热对果汁风味的影响。

⑥装罐。果汁杀菌后趁热装入已消毒的玻璃罐中，并立即封口，再在 80℃左右的热水中灭菌 20 分钟，然后取出自然冷却至 40℃以下，擦干瓶罐上的水分，放入 5℃左右的低温冷库中贮存。

(3)质量要求　好的草莓果汁色泽鲜艳，有草莓独特的香味；糖度为 10%～12%，酸度为 0.7%～1.3%，固酸比 20∶1～25∶1。

第六章 果品糖制加工技术

第一节 果品糖制的原理及种类

一、果品糖制的原理

果品糖制是以果品为原料，与糖或其他辅料配合加工，利用高浓度糖液的渗透脱水作用，将果品加工成糖制品。

果品利用食糖制成糖制品，可防止腐败，达到长期贮藏的目的。食糖种类、性质、浓度及原料中果胶含量和特性，对糖制品的质量和贮藏期都有极大影响。所以，需要了解食糖的特性和果胶的胶凝作用，以便更加科学合理地使用食糖，提高糖制果品的品质和产量。

1. 果品糖制中食糖的特性

高浓度糖液可抑制微生物的生长繁殖，防止糖制品腐败变质。而低浓度糖液却能促进微生物的生长繁殖。

①降低糖制品中水分活性。糖具有很强的保水性，束缚水分子，使能为微生物利用的有效水分减少。

②高渗透压。高浓度糖液产生高渗透压使微生物细胞脱水发生生理干燥而无法活动。

③抗氧化作用。氧气在糖液中溶解度降低，且浓度越高，溶解度越低，越有利于糖制品的保存。糖制加工过程中还需结合添加酸、盐、防腐剂，进行干燥、杀菌、包装等处理，来提高糖制品的贮藏期。

2. 果胶的凝聚特性

果胶是一种多糖类物质，在果品中，果胶物质常以原果胶、果胶和果胶酸三种形态存在。原果胶在酸或酶的作用下能分解为果胶，果胶进一步水解变成果胶酸。果胶具有凝聚作用，而果胶酸的部分羧基与钙、镁等金属离子结合时，亦形成不溶性果胶酸钙（或镁）的凝胶。但需要控制果胶再水解。

果冻、果酱、果糕以及果泥等产品都是利用果胶的凝聚作用来制取的，而果胶在胶凝时需果胶、糖、酸比例适当，一般要求温度低于50℃以下，果胶含量1%左右，pH值为2.0～3.5，或含酸量1%，糖浓度50%以上。

二、果品糖制的种类

我国糖制品加工历史悠久，原料众多，加工方法多样，形成的糖制品种类繁多，风味独特。按加工方法和产品形态，可将果品糖制品分为蜜饯和果酱两大类。

1. 蜜饯果脯类

按产品形态、风味及含水量的不同，可将蜜饯类糖制品分为三种：

①干态蜜饯。果品糖制后，经烘干或晾干，制成外干内湿、不粘手、半透明的制品，还有些制品表面有一层糖衣或结晶糖粉，如蜜李子、蜜桃片、橘饼、冬瓜条等。

②湿态蜜饯。果品糖制后，保存于高浓度的糖液中，类似于糖水罐头，其质地细软、半透明、果片完整、味酸甜，如糖青梅、蜜金橘、蜜饯海棠、蜜饯樱桃等。

③凉果。果品经盐腌、脱盐、晒干、加甘草等辅料制成糖制品，其含糖量低，不超过35%，味甘美、酸甜、略咸，外观保持原果形，如话梅、陈皮梅、橄榄制品等。

2. 果酱类

果酱具有果品原有的风味，一般多为高糖高酸制品。按其制法和成品性质，可分为以下几种：

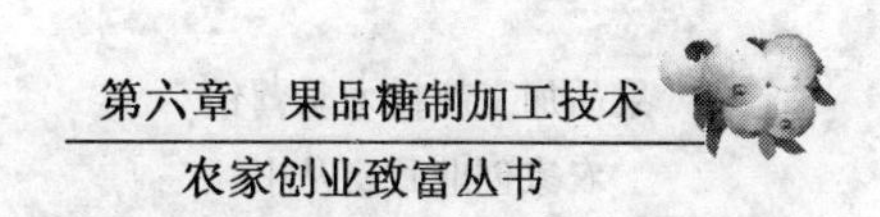

①果酱　原料处理后，经打碎，加糖（含酸及果胶量低的原料，可适量加酸和果胶）、浓缩压制成的凝胶制品，如草莓酱、杏酱、苹果酱、番茄酱等。

②果泥。将单一水果或数种水果，经打浆过滤得到细腻果浆，再加入糖和其他配料，经浓缩制成稠状果泥，如苹果泥、山楂泥、枣泥、什锦果泥等。

③果冻。是选用果胶含量高的果品，经软化、压榨后得到果浆，再添加糖、酸（含酸高的果品除外）、果胶（含果胶多的果品可不加），经加热浓缩制成凝胶状的果冻。果冻光滑透明，柔滑而富有弹性，如苹果冻、山楂冻、橘子冻等。

④果糕。将果实软化压榨后，取其果肉浆液，加糖、酸、果胶进行浓缩，再倒入盘中，摊成薄层，在温度为50℃～60℃条件下烘干至黏手，切块，用玻璃纸包装，如山楂糕等。

⑤果丹皮。是将预先制好的果泥摊平、烘干，制成柔软薄片，如山楂果丹皮、桃果丹皮、柿子果丹皮等。

第二节　果品糖制的生产工艺

一、蜜饯类加工工艺

1. 工艺流程

蜜制→配料→烘干→凉果
↑
原料选择→预处理→预煮→糖制→烘烤干燥→上糖衣→干态蜜饯→包装→贮藏
↓
装罐→密封杀菌→湿态蜜饯→贮藏

2. 操作技术要点

(1)原料选择　糖制品质量取决于产品外观、风味、质地及营养成分。原料选择要求肉质紧密，耐煮性强的品种。在绿熟-坚熟时采收，选择形态美观、色泽一致、糖酸含量高等特点的原料。

(2)原料预处理 果品糖制的原料预处理包括分级、清洗、去皮、去核、切分、切缝、刺孔等工序，还应根据原料特性、加工制品的不同，进行腌制、保脆硬化处理、硫处理、染色等。

①去皮、切分、切缝、刺孔。对果皮较厚或含粗纤维较多的糖制原料应去皮，常用机械去皮或化学去皮等方法。大型果原料宜适当切分成块、条、丝、片等，以便缩短糖制时间，小型果原料如枣、李、梅一般不去皮和切分，常在果面切缝、刺孔，以加速糖液的渗透。切缝时可用切缝设备。

②盐腌。原料用食盐或加少量明矾或石灰腌制成的盐坯，常作为半成品来保存以延长加工期限，这种做法大多作为南方凉果制品的原料。

胚料腌制过程包括盐渍、暴晒、回软和复晒四个过程。腌制方法有干腌和盐水腌制两种。干腌法适用于成熟度较高或果汁较多的果品，用盐量依种类和贮藏期长短而异，一般为原料重的14%～18%。果坯腌制、硬化方案见表6-1。

表6-1 果坯腌制、硬化方案

果坯种类	用量/(千克/100千克果实)			腌制时间/天	备注
	食盐	明矾	石灰		
桃	18	0.13～0.25	—	15～20	
杨梅	8～14	0.10～0.30	—	5～10	
梅	16～24	少量	—	7～15	
橘、柑、橙	8～12	—	1～1.25	30	水坯
李	16	—	—	20	
橄榄	20	—	—	7	盐水腌渍
金橘	24	—	—	30	分两次腌渍
杏	16～18	—	—	20	
柠檬	22	—	—	60	

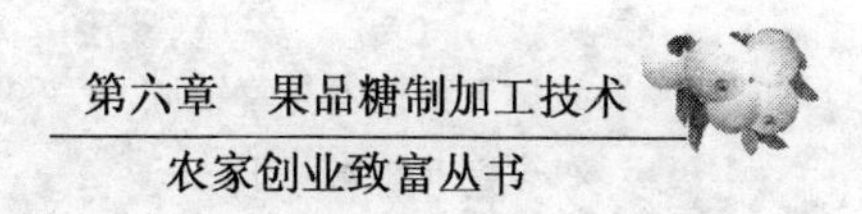

腌制时，分批拌盐，拌匀，分层入池，铺平压紧，下层用盐最少，由下而上逐层加多，表面再用盐覆盖隔绝空气，便能保存不坏。盐水腌制适用果汁少、未熟果或酸涩苦味的原料。将原料浸泡在一定浓度的腌制液中腌制，盐腌结束，可作水坯保存，或晒成干坯长期保存。腌渍程度以果实呈半透明为宜。

③保脆硬化处理。为防止蜜饯类原料糖制时溃烂、破碎，对质地疏松、组织较软的果品，例如樱桃、杨梅等常采用硬化处理以确保其酥脆。硬化是将原料投放在石灰、氯化钙、亚硫酸氢钙等溶液中浸渍或在腌胚时加入石灰和明矾(见表 6-1)。

硬化剂的选用、用量及处理时间必须适当，过量会生成过多钙盐或导致部分纤维素的钙化，使产品质地粗糙，品质劣化。糖制前，需用清水漂洗，除去残余的硬化剂。

④硫处理。在糖煮之前进行硫处理，既可防止制品氧化变色，又能促进原料对糖液的渗透，使糖制品色泽明亮。硫处理的方法一种是硫黄熏蒸，硫黄用量为原料的 0.1%～0.2%，在密闭的环境中点燃硫黄进行熏蒸处理，熏硫后果色变淡、变亮，果肉变软，果肉含二氧化硫量在 0.1%以上。另一种方法是将原料浸泡于 0.1%～0.15%浓度的亚硫酸溶液中数分钟。常用的亚硫酸盐有亚硫酸钠、亚硫酸氢钠、焦亚硫酸钠等，经硫处理的原料应充分漂洗，以除去残余亚硫酸溶液，以免腐蚀马口铁的罐壁。

⑤染色。某些果品在加工过程中常会失去原有的色泽，因此，常需人工染色，例如樱桃、草莓等。常用的染色剂有天然色素和人工色素两类。天然色素如姜黄、胡萝卜素、叶绿素等是无毒、安全的色素，但染色效果和稳定性较差。人工色素有苋菜红、胭脂红、柠檬黄、靛蓝四种，人工色素具有着色效果好、稳定性强等优点，但用量不得超过 0.01%，否则影响品质，存在安全问题。染色方法是将原料浸于色素中着色，或将色素溶于稀糖液中，在糖煮的同时完成染色。为增进染色效果，常用明矾为媒染剂。

⑥漂洗和预煮。在糖制前，需进行漂洗或预煮，以除去原料中的二氧化硫、食盐、染色剂、石灰或明矾，避免对制品的外观和风味产生不良影响。

原料短时间预煮，可抑制微生物活动，钝化酶的活性，防止氧化变色，软化果肉组织，有利于糖在煮制时渗入原料。对一些酸涩，具有苦味的原料，预煮可起减少苦涩的作用。预煮时间应根据果品种类、形态大小、工艺要求等情况而定，一般在不低于90℃条件下预煮数分钟，烫至组织呈透明状态为宜。

(3)糖制　糖制有蜜制(冷制)和煮制(热制)两种。

①蜜制(冷制)。适合皮薄多汁、组织柔嫩、不耐煮的原料。其糖制的特点是分次加糖腌制，不加热，逐步提高糖的浓度。此法适合杨梅、青梅、樱桃、无花果，以及多数凉果的糖制。糖渍法由于不进行加热，能较好地保持产品色泽、风味、营养成分，果实或果块能保持完整形态和松脆的质地(如糖青梅)，同时原料不与金属器皿接触，无金属污染引起的变色、变味现象的出现。

②煮制(热制)。加糖煮制适用于组织紧密而较耐煮的原料。其糖制特点是加工迅速，糖制时间较短。但由于原料处于高温条件下，色、香、味及维生素C等损失较多。煮制分常压煮制和减压煮制两种。常压煮制又分一次煮制、多次煮制和快速煮制三种。减压煮制分减压煮制和扩散煮制两种。

(4)干燥与上糖衣　脱水干燥是蜜饯、干态果脯生产的最后一道工序，其目的是将制品中的多余水分除去，使制品表面形成一层“糖衣”，抑制各种微生物生长，达到长时间贮藏的目的。

在烘房烘烤温度不宜超过65℃，烘干的蜜饯要求含水量在18%～22%，含糖量达60%～65%，制品保持完整、饱满、不皱缩、不结晶、质地柔软。

①制糖衣蜜饯。先配制过饱和糖液，常用三份蔗糖、一份淀粉糖浆和两份水配制而成，将混合浆液加热至113℃～114.5℃，

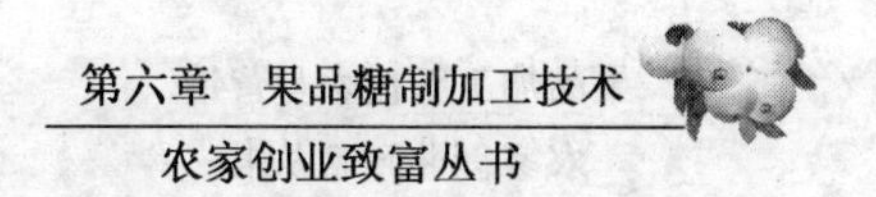

然后冷却至93℃即可使用。将干燥的蜜饯浸入过饱和糖液1分钟，取出冷却，糖液在制品表面凝结一层晶亮的糖衣薄膜。

②晶糖蜜饯。在干燥快结束的蜜饯表面，撒上结晶糖粉或白砂糖，拌匀，并筛去多余糖粉，即得晶糖蜜饯。

(5)整理、包装　蜜饯经干燥后果块往往变形。为获得良好的外观，干燥后需要进行整理，将果块压平，如芒果脯、梨脯、杏脯、橘饼、蜜枣等产品，经整理后，外观整齐一致，便于包装。

干态蜜饯使用复合塑料薄膜袋、铁听包装，可防潮、防霉，密闭性较好。湿态蜜饯使用罐头包装，糖液量占成品总重量的45%～55%，最好采取真空抽气包装，密封后，在90℃温度下杀菌20～40分钟。对于不杀菌蜜饯制品，要求糖分含量在65%以上，可溶性固形物含量达70%～75%。

(6)糖制品的贮藏　糖制品在贮藏期易褐变、吸潮，应贮藏于清洁、干燥、通风、避光的场所，库温应控制在12℃～15℃。

二、果酱类加工工艺

果酱类制品有果酱、果泥、果冻、果膏、果糕、果丹皮和马茉兰等产品，是以果品的汁、肉加糖及其他配料，经加热浓缩制成的。

1. 工艺流程

原料选择→清洗→切分

→加热软化→配料→浓缩→装罐→杀菌、冷却→果酱类

配料→制盘→冷却成型→果丹皮、果糕类

加热软化→取汁过滤→配料→浓缩→冷却成型→果冻、马茉兰

2. 操作技术要点

(1)原料选择及预处理　要求原料具有良好的色、香、味，成熟度适中，富含果胶和果酸。成熟度过高的原料，果胶及酸含量降低；成熟度过低，则色泽、风味差，且打浆困难。果胶及酸量少的原料，制酱时要加入果胶及酸。

生产时,要先剔除霉烂、成熟度过低的不合格原料,进行清洗、去皮(或不去皮)、切分、去核(心)等处理。去皮、切分后的原料若需护色,应进行护色处理。

(2)加热软化 加热软化的目的是防止果肉变色,破坏酶的活性,阻止果胶水解;软化果肉组织,便于打浆或糖液渗透;促使果肉中果胶的溶出,便于凝胶形成。

(3)取汁过滤 果品原料加热软化后,用压榨机压榨取汁。浆果类果实汁液丰富,压榨前不用加水,可直接取汁。而肉质坚硬、组织致密的果品,如山楂在加热软化时要加适量水,以便压榨取汁。为使压榨后的果渣能溶出更多果胶和可溶性物质,必须再加水软化,并进行第二次压榨取汁。

(4)配料

①配方需按原料的种类和产品要求而定,一般要求果肉(果浆)占总配料量的40%～55%,砂糖占45%～60%(其中,允许使用淀粉糖浆,用量占总糖量的20%以下),使果肉与糖用量的比例为1∶1～1∶1.2。成品含酸量要达0.5%～1%为宜,不足可补加柠檬酸,含果胶量要达到0.4%～0.9%,不足可加果胶或琼脂等。

②投料前需将果浆先入锅加热10～20分钟,然后分批加入浓糖液,继续浓缩到接近浓缩终点时,加入果胶或琼脂液,最后加柠檬酸液,在搅拌下浓缩至终点出锅。

(5)加热浓缩 通过加热排除原料和糖液中的大部分水分,提高浓度,使砂糖、酸、果胶等配料均匀渗透,改善果酱的形态和风味,杀灭有害微生物,破坏酶的活性,提高制品的贮藏性。加热浓缩的方法目前主要采用常压和真空浓缩两种方法。

浓缩终点的判断可以采用折光仪、温度计、挂片法测定。当酱体温度达到104℃～105℃或可溶性固形物含量达68%或含糖量达 60%时，达到浓缩终点，也可用汤匙舀起少量酱体，横置，若酱体呈片状脱落即为浓缩终点。

(6)装罐、封口　果酱类制品大多用玻璃瓶或防酸涂料铁皮罐为包装容器，也可用小包装的塑料盒；果丹皮、果糕等干态制品采用玻璃纸包装。出锅后，应快速装罐密封，一般每锅果酱分装完毕不超过 30 分钟。密封时，酱体温度在 80℃～90℃，封罐后应立即杀菌冷却。

(7)杀菌、冷却　果酱在加热浓缩时，微生物大多数被杀死，加上果酱高糖高酸对微生物也有很强的抑制作用，一般封罐后微生物难以繁殖。在企业生产卫生符合要求的条件下，果酱密封后，只要倒罐数分钟，利用酱体余热对罐盖消毒即可。但更为安全的是果酱密封后，专门进行对罐盖杀菌处理。

杀菌方法可采用沸水或蒸汽杀菌。一般温度在 100℃，杀菌 5～10 分钟为宜。杀菌后冷却至 38℃～40℃，注意玻璃罐要分段冷却，防止玻璃罐破裂，每段温差不超过 20℃，擦去罐外水分，贴上标签装箱。

第三节　常见果品蜜饯类加工实例

一、菠萝果脯加工

(1)工艺流程　原料选择→清洗、分级→去皮、捅心→修整→切分→护色、硬化处理→漂洗→热烫→糖腌→干燥→包装→成品

(2)操作技术要点

①原料选择、清洗、分级。选择新鲜、果肉带黄色、无病虫害、无霉烂、成熟度为八九成的果实做原料。用清水洗去附在果皮上的泥沙和微生物等，按大、中、小分三级。

②去皮、捅心、修整。用机械或手工去皮捅心，使用的刀筒和捅心筒口径要与菠萝大小相适应，再用不锈钢刀削去残留的果皮及果上的斑点、果目。

③切分。将去皮捅心后的菠萝直径在5厘米以内的横切成1.5厘米厚的圆片；直径在5厘米以上的先横切成1.5厘米厚的圆片，然后再分切成扇形片。果肉组织致密的，可斜切成0.5厘米厚的椭圆形片，另外进行糖制。

④护色、硬化处理、漂洗。切分后的果片用0.1%焦亚硫酸钠和0.5%石灰溶液浸泡8～12小时，然后漂洗。

⑤热烫、糖腌。果块用清水冲洗后，然后入沸水中烫漂10分钟左右，要求一定烫透。热烫处理可以抑制微生物的活动，钝化酶活性，又可排除菠萝组织中的空气，利于浸糖。果块趁热用30%的白糖入缸腌渍，一层果一层糖，表面用糖覆盖，腌渍时间为24小时，将果片捞出，再加15%的糖将糖液回锅，化开煮沸后倒入果块中腌渍24小时。如此多次渗糖，使果块吸糖达60%～65%(糖量计)。可用淀粉糖取代45%蔗糖。

⑥干燥。将糖腌渍的果块捞出，均匀置于网筛上入烘房烘干。烘房温度不能太高，保持在60℃～65℃。烘至不粘手时，将菠萝片切开，用手挤压时断开层无水渗出时，即可出烘房，一般需烘7～8小时。将烘干菠萝片置于干净的不锈钢台面上，用少量糖粉拌匀，使片与片之间不粘连，冷却后进行包装。

⑦分级检验、包装。干制的产品按质量要求进行分级检验，以聚乙烯复合袋作定量包装。将包装好的菠萝果脯存放于防热、防潮、防鼠的仓库中贮藏。

(3)质量要求 成品菠萝果脯呈橙黄色，有光泽、半透明、色泽一致，外观完整，组织饱满，果片干燥不粘手，具有菠萝风味；含水量为18%～20%，含糖量为50%～60%。

二、芒果脯加工

(1)工艺流程　原料选择→去皮切片→护色、硬化处理→漂洗→热烫→糖制→干燥→整理包装→成品

(2)操作技术要点

①原料选择。选择八成熟度、新鲜、无霉变、无腐烂的芒果做原料。

②去皮切片。芒果原料按成熟度和大小分级，使制品品质一致，然后用清水洗净，削去外皮。去皮后，用锋利刀片沿核纵向斜切，果片大小厚薄要一致，一般厚度 0.8 为厘米。

③护色、硬化处理、漂洗。将芒果片浸入 0.2％焦亚硫酸钠和 0.2％氯化钙混合液中，时间为 4～6 小时，然后移出，用清水漂洗干净，沥干水分备用。

④热烫。将原料投入沸水中热烫，一般时间为 2～3 分钟，烫至原料呈半透明状并开始下沉为宜。热烫后，马上捞出，用冷水冷却，防止热烫过度。

⑤糖制。可将热烫后的原料趁热投入 30％冷糖液中进行冷却和浸糖处理。如原料不经热烫处理，则可用 30％糖液先煮糖，温度保持 100℃，煮 1～3 分钟，以煮到果肉转软为宜。浸糖 8～24 小时后，移出糖液，在糖液中加 10％～15％糖液重的砂糖，加热煮沸后倒入原料继续浸糖。8～24 小时后，将原料移出糖液，再补加糖液重 10％的砂糖，加热煮沸后再将原料投入，利用温差加速渗糖。如此几次渗糖，使原料吸糖达 40％～50％(糖量计)，达到低糖果脯所需含糖量。

⑥干燥。芒果块达到所要求的含糖量后，捞起沥去糖液，可用热水淋洗，以洗去表面糖液，减低黏性和利于干燥。将芒果块装筛盘进行干燥，温度控制在 60℃～65℃，期间还要进行换筛、翻转、回湿等处理。

⑦整理包装。芒果脯成品含水量一般为18%～20%，达到干燥要求后，进行回软、包装。干燥过程中果块往往变形，干燥后需压平。包装用复合塑料薄膜袋，分别以重量为50克、100克等作零售包装。

(3)质量要求 成品芒果脯呈深橙黄色至橙红色，有光泽，半透明，色泽一致，外观完整，组织饱满，干燥不粘手，具芒果风味；含水量为18%～20%，含糖量为50%～60%。

三、杨桃脯加工

(1)工艺流程 原料选择→清洗→切分→护色、硬化→漂洗→糖制→干燥→包装→成品

(2)操作技术要点

①原料选择。选择新鲜、饱满、八成熟、无病虫害、无霉烂、无损伤的杨桃做原料。

②清洗、切分。用清水洗净杨桃表面的灰尘、杂质，沥干水分，用不锈钢水果刀纵向依单瓣分切成长瓣状厚片，或横切成1.5厘米厚片。

③护色、硬化、漂洗。将切分的杨桃放入含有3%的明矾溶液中，并加微量姜黄粉，使杨桃带鲜明的淡黄色，浸泡4～6小时，然后进行清水漂洗，沥干水分。

④糖制。将100千克杨桃片与50%浓度糖液160千克及丁香、陈皮、甘草各等量混合粉1.6千克，一同放入夹层锅中煮，慢慢加热煮至106℃后停止加热，趁热移出杨桃片，沥去表面过多的糖液，置于平台上，摊开冷却，同时拌入香料丁香、陈皮、甘草各等量混合粉1.6千克，再加入杨桃片重0.05%的苯甲酸钠，拌匀，使杨桃片沾上粉末。

⑤干燥。将杨桃片摊于烘盘上，送入烘房或烘干机内干燥，烘烤温度控制在65℃，烘烤到果片干燥，即进行冷却，使杨桃片含

水量在22%以下。

⑥包装。用复合薄膜袋进行定量包装。

(3)质量要求　成品杨桃脯色泽淡黄色；果片块状完整，不破碎；甜酸适口，具有杨桃的甜酸风味与香料的混合芳香，口感脆嫩柔软；含水量在22%以下，含糖量为65%～70%。

四、枇杷脯加工

(1)工艺流程　原料选择→清洗→去皮、去核→硬化→糖渍→糖煮→烘干→包装→成品

(2)操作技术要点

①原料选择。选用新鲜、无病虫害、机械伤、霉烂的果实做原料，成熟度八成左右，不要过熟但已充分转黄的枇杷。枇杷过熟，难以保证成品的形态。

③清洗、去皮、去核。将枇杷果用1%的盐水或用0.05%高锰酸钾溶液浸泡洗涤，再用清水冲洗干净。去核用打孔器，在去核的同时挖去病虫害和受损伤的果肉。再用手工逐个剥去果皮。

③硬化。用15%～20%浓度的干净石灰水浸泡果肉，时间为3～5天，每天翻动2次，用量以浸没果肉为度。浸泡后漂洗4～5次，直到漂洗水清，再沥干水分。若用0.1%浓度的氯化钙浸泡时，每100千克果肉约需氯化钙溶液90千克，浸泡时间为10小时，浸泡后再用清水漂洗2～3次。为防止浸泡果肉上浮，可以压上竹帘等物。

④糖渍。每100千克果肉用白砂糖50千克进行糖渍。其方法是用少量水加热溶解白砂糖，倒入果肉中，拌匀，糖渍1天。

⑤糖煮。将果肉连同糖渍液一同倒入夹层锅内，加热煮沸。再按每100千克果肉使用白砂糖30千克，加入白砂糖，用旺火煮沸30分钟左右，然后起锅。糖渍1天后，再次将果肉连同糖渍液一同倒入夹层锅中煮沸，添加30千克白砂糖，煮沸30分钟后捞

出待用。

⑥烘干。起锅后，将果肉放到烘盘上，送入烘房，在60℃下烘制20～30小时，也可以摊在竹帘上，在阳光下暴晒，晒至不粘手为止。

⑦包装。待果肉表面不粘手时，用塑料薄膜袋包装。每袋装入0.5千克，然后再装入纸箱。

(3)质量要求 成品枇杷脯色泽深红或棕红色，不粘手，有韧性，口感香甜，具有枇杷的特有风味，无其他异味，味酸甜；含糖量为60%～65%，含水分量为18%～22%。

五、桃脯加工

(1)工艺流程 原料选择→清洗→切分、去皮、挖核→护色→浸硫→糖渍→糖煮→烘干、整形→包装→成品

(2)操作技术要点

①原料选择。选择新鲜、黄肉桃或白色果肉桃品种，肉质坚硬、致密果实为原料。成熟度由青转白或转黄时为宜，剔除过熟、过青、有病虫害和腐烂的果实。

②清洗、切分、去皮、挖核。用清水洗去桃果表面灰尘和果毛，沥干水分，用不锈钢刀剖开两半。用挖核器挖除果核及近核处红色桃肉，再将桃片切口向下扣在输送带上淋碱去皮，最后用流动的清水和1%盐酸液冲洗果面残留的碱液。

③护色、浸硫。将洗去碱液的果片放入1%的食盐水中护色。将果块放入浓度为0.2%～0.3%的亚硫酸氢钠溶液中，浸泡1～2小时，破坏其酶的活性，使桃果肉变为黄白色或洁白色。

④糖渍。配制浓度为30%的糖液，煮沸后加入0.1%的亚硫酸氢钠、0.2%的柠檬酸，将桃片浸渍12小时后捞出，再浸泡于浓度为40%的糖液中10小时左右，使桃片吸糖达饱和为止。

⑤糖煮。将糖渍的桃片放进夹层锅，倒入浓度为50%的糖

液，煮沸。然后浇入浓度为50%的冷糖液，再煮沸，继续再加入50%浓度的冷糖液，如此反复2～3次，至果面出现小裂纹时，分2～3次加干砂糖。加糖总量为锅中桃片量的1/3左右，煮至桃片透明即可捞出。

⑥烘干、整形。将桃片沥干糖分，放到筛盘上，送入烘房，烘烤20小时，温度控制在60℃～70℃，烘至不粘手为止，然后对桃片进行整形。

⑦包装。按产品规格要求称重包装。一般每袋0.25千克或0.5千克，使用复合塑料薄膜袋包装，然后再装入纸箱。

(3)质量要求　成品桃脯色泽为浅黄色或乳黄色，呈扁圆形，半透明，形态丰满完整，块形均匀；无返砂结晶，不粘手，具有桃脯应有风味；含糖65%左右，含水分18%～21%，含硫量不超过20毫克/千克(以二氧化硫计)。

六、加应子加工

(1)工艺流程　原料选择→清洗→腌制→出晒→分级→脱盐→浸渍配料→吸糖→糖煮→浸制→干燥→包装→成品

(2)操作技术要点

①原料选择。选择果实充分膨大、成熟度在七八成(即硬熟)熟，过熟变软不便加工，挑选新鲜、无病虫害、无霉烂的李果为原料。

②清洗。用清水洗去李果的泥沙、杂质，沥干水分备用。

③腌制。每100千克鲜果用粗食盐10～12千克，将粗盐和李果置于细缝箩筐内摇摆翻动，擦破李子的表皮，使盐分渗入果肉，再以一层鲜果一层盐在缸内(或水泥池)加压腌制，经过20天可取出，滤去盐水，即成干坯。

若大批量生产，可用摇李机进行半机械化处理。摇李机的转速以330～350转/分为宜，每次加入李果25～30千克，草木灰

100～150克，摇转5～10分钟，待果皮轻度擦破，即可取出，用清水冲洗干净，薄摊晒干，至果实转为棕色，就可以入池腌制。

④出晒。腌制20天后，选择晴朗的天气捞出果坯，置于竹席上，暴晒1～2天。晒时果坯不重叠，并经常翻动，使果坯全部晒到阳光。当晒至果坯含水量达33%～35%时，即可收进仓库堆放，使果坯中水分分布均匀。

⑤分级、脱盐。剔除破碎、虫蛀、霉烂的果坯，按果坯大小进行分级，再将果坯放入清水漂洗去盐，洗至略带咸味为止。若制无核加应子，可将果坯锤扁去核。

⑥浸渍配料。按浸渍李坯100千克进行配料，需砂糖50千克、甘草10千克、茴香800克、桂尔通1千克、橘皮油200克、糖精50克、苯甲酸钠40克、柠檬酸适量。

⑦吸糖。先将甘草、茴香、桂尔通煎成浓汁，加适量糖精、苯甲酸钠、砂糖配制60%的浓糖液，再将果坯放入糖液中浸泡。根据不同口味的要求，可加入适量柠檬酸，使果坯吸足糖液。

⑧糖煮、浸制。将果坯同糖液一起倒入锅内，加热煮沸，至果肉熟透而不软烂为止，出锅进行浸制，再趁热倒入缸内，浸制5～7天，让果坯继续吸足糖液，之后沥去糖液，进行干燥。

⑨干燥、包装。将李坯放到烘盘上，送进烘房干燥，温度控制在55℃～60℃，烘至七成干，然后拌入橘皮油及糖精等调味品，或将李坯放到竹匾上，在阳光下暴晒2～3天。然后逐粒包装，先用糯米纸包裹，外面包上0.01毫米厚的低压聚乙烯薄膜，最后包上商标纸，然后称量装入食品袋，再装进纸箱。

(3)质量要求 成品加应子色泽发亮，肉质细致，软硬适中，酸甜适度，香味浓郁，无异味；含糖量达58%～63%，七成干。

七、蜜柰片加工

(1)工艺流程 原料选择→配料→切分→硬化→漂洗→烫煮

→糖渍→糖煮→包装→成品

(2)操作技术要点

①原料选择、配料。制作蜜柰片要选用新鲜、果皮黄绿色、果大、肉厚、质脆、未过熟、软烂的柰果为原料，剔除病虫果、霉烂果。也可利用落果、疏果下来的柰果作为原料。主配料为鲜柰果165千克、白砂糖56千克、饴糖10千克、石灰2千克。

②切分、硬化。用不锈钢刀沿果缝合线将柰果一分为二，成为果肉不离核的两个半只(若用落果、疏果的较小形果实制蜜柰果，也可不切分)。然后在果肉上纵切成许多薄片，每片厚约0.2厘米，切片时不能切断，以免果肉离核。之后将柰果片浸入石灰水(清水120千克、加干净石灰2千克，溶化后可浸泡165千克柰果片)中，浸泡3～12小时，每隔1～2小时翻动一次。

③漂洗、烫煮。将柰果(片)从石灰水中捞出，用流动清水漂洗24小时，至果肉无石灰味为止。把漂洗的柰果(片)放入沸水中烫煮，至果实转黄，果皮柔软而有弹性时捞出，迅速放清水中冷却，冷却30分钟，捞出沥干水分。

④糖渍。先将12千克白砂糖加水12千克，加热溶解成浓度为50%的糖液，然后倒入沥干的柰果(片)，上下翻动搅拌，经30分钟后捞出。在原糖液中再加入15千克白砂糖，待溶解后(可稍加热)，将糖液再倒入柰果(片)的缸内，静置糖渍5～6小时，再滤出糖液并加入白砂糖18千克，加热溶解后仍倒入存放柰果(片)的缸内，并经常搅动，经1天后捞出。

⑤糖煮。将浸果剩下糖液过滤煮沸，将柰片倒入糖液中煮10分钟。把10千克饴糖用清水调匀，连同剩下的11千克白砂糖一起倒入锅中，煮约1.5小时，当糖液温度达到107℃～110℃时，即可捞出。此时，糖液浓度约为80%，冷却后即为成品。

⑥包装。大包装用薄膜食品袋，按重量装入。小包装则逐粒(片)先用糯米纸包裹，中包装以0.01毫米厚的聚氯乙烯薄膜，外

层再包上商标纸，最后称量后装入食品袋密封。如使用真空密封则效果更佳。

(3)质量要求 成品蜜柰片柔软而带弹性，表面富有光泽，含糖量达65%左右。

八、话梅(话李)加工

(1)工艺流程 原料选择→清洗→腌制→脱盐→干燥→配料→腌渍→干燥→包装→成品

(2)操作技术要点

①原料选择。选择新鲜、无霉烂、无病虫害、无机械损伤，成熟度八九成的梅果(李果)做原料。

②清洗、腌制。用清水洗净果面泥沙、污物，剔除病虫果、霉烂果、机械损伤果，并沥干水分。每100千克梅(李)用16～18千克食盐、1.2～2千克明矾进行腌制，(李果先用擦皮机擦破外皮)一层果一层食盐，最上层加盐封口，用重物压实，腌制30天，中间翻动2～3次，使盐分渗透均匀。然后将梅坯捞起，晒干制得梅坯，可长期保存。

③脱盐、干燥。将梅坯用清水漂洗脱盐，脱至略有咸味为止。捞起梅坯，沥干水分。使用烘干机，在60℃温度下烘烤或在烈日下晒至半干，干燥至果坯稍软为宜，不可干燥到干硬。

④配料。取甘草3千克、肉桂0.2千克、加水60千克，煮沸浓缩至50千克。经澄清过滤，取浓缩汁一半，加砂糖20千克、糖精钠100克溶成甘草糖浆。

⑤腌渍。取脱盐梅坯100千克置于缸中，加入热甘草糖浆，腌制12小时。腌制期间经常上下翻动，使梅坯充分吸收甘草糖液，然后捞出晒至半干。在原缸的甘草浓缩液中加进3～5千克糖、10克糖精钠，调匀煮沸，将半干的梅胚入缸再腌10～12小时。

⑥干燥、包装。将经过腌渍的梅胚取出烘干或晒干。包装时

喷以香草香精。每 100 千克梅胚可制得 110 千克话梅，使用复合塑料薄膜袋密封包装，然后再装进纸箱。

(3)质量要求　成品话梅呈黄褐色或棕色，果形完整，大小基本一致，果皮有皱纹，表面略干；甜、酸、咸适宜，有甘草或添加香料的味，回味无穷；含糖量为 30%左右，含盐量为 3%，含酸量为 4%，水分含量为 18%～20%。

九、糖青梅加工

(1)工艺流程　原料选择→清洗→盐渍→刺孔→漂洗→糖渍→包装→成品

(2)操作技术要点

①原料选择。选择果形整齐圆大、核小、果质脆嫩，色泽青绿、果面茸毛已脱落而富有光泽、种仁已形成、但未充实的果实为原料(栽培生产中的硬核期)。

②清洗、盐渍。用清水洗净果面泥沙、污物，洗后沥干水分。用鲜果量 7%的食盐和 0.6%的明矾加水溶解，放入梅果中盐渍 48 小时，至梅果转黄为止。

③刺孔。将每个青梅用针刺 15～20 个孔，孔深达果核，然后再盐渍 3～5 天。

④漂洗。将腌渍好的青梅在 0.1%浓度的明矾液中浸漂 20 小时，中间更换溶液一次，漂至梅果略带咸味为止。

⑤糖渍。将梅坯放入缸内糖渍，初始加糖量为梅坯重的 30%，同时加入少量柠檬黄和靛蓝，糖渍两天。在以后的 7 天内，每天加相当于果坯重 3%的糖，再加以翻动，促使梅果糖渍均匀。其后 20 天，每隔 1 天加糖 3%。糖渍到第 40 天左右时，使糖量达到 50%。此后再陆续加糖至含糖量为 65%为止。糖渍时间前后计 3 个月左右。在糖渍第 7 天起，会发生轻微的发酵，属正常现象，有减去苦味、增加糖分渗透和强化风味的作用。但发酵时间

应控制在24小时内，以免发酵时间过长而软烂。

⑥包装。糖渍后，经杀菌处理，用罐装或袋装即可。

(3)质量要求　成品糖青梅色泽青绿色，大小、色泽一致，果形饱满，甜酸适口，具青梅的风味，而无其他异味，含糖量达65%。

十、桂花橄榄加工

(1)工艺流程　选果制坯→配料→香料制备→浸制→日晒→分级、包装→成品

(2)操作技术要点

①选果制坯。选择无霉烂、无病虫害、无损伤、色泽转黄、富有香气的新鲜长形橄榄为原料。用擦皮机去除表皮蜡质层，使用清水漂洗干净，沥干水分，用15%浓度的盐水腌制24小时，捞出沥干、日晒至含水量为15%时，即成为橄榄咸坯。

②配料。果坯100千克、红糖20千克、白砂糖20千克、桂花2千克、甘草粉1千克、糖精，防腐剂、色素各适量，茴香0.5千克等作配料。

③香料制备。将配料中的甘草粉、茴香放入锅中煮沸1～2小时，然后滤去料渣，加入50%配备量的白砂糖、红糖，熬煮、过滤待用。

④浸制。用清水清洗果坯，洗去大部分盐分，并浸泡12小时，再倒入锅内煮沸，沥干水分。将果坯倒入缸中，再放入香料制备程序中所配制的糖液，浸渍12小时。将果坯、糖液倒进锅内，添加25%配备量的红、白糖煮沸30分钟，随后将果坯、糖液再倒进缸内，浸渍24小时。其后再添加余下25%的红、白糖，再浸渍4～5天。

⑤日晒。待橄榄吸足糖分后，将其放到竹席上，晒至八成干，撒入桂花、食用色素，继续晒至汁液能拉成丝即可。

⑥分级、包装。按照果的大小分级，将桂花橄榄称重装入食

品袋中。

(3)质量要求　成品桂花橄榄色净，质脆嫩，皮纹细，气味芳香。

十一、九制陈皮加工

我国南方盛产柑橘类水果，可利用其果皮精制成九制陈皮。九制陈皮属甘草制品，色泽黄褐，片薄均匀，甜、咸、香、辛味，食之可生津止渴，理气开胃。

(1)工艺流程　原料选择→制坯→脱盐→入味、干燥→拌甘草粉→包装→成品

(2)操作技术要点

①原料选择。选用新鲜、橙黄色的甜橙和香橙等品种，剥皮，刨取果皮的最外层(橘黄层)做原料。

②制坯。剥下的橙皮用特制刨刀刨下橙皮最外层片状不规则圆形的小皮，俗称金钱皮。将 100 千克橙皮加 50 升梅卤(腌梅子的卤水)、0.5 千克明矾，一起放入缸内浸渍，经过 48 小时后，捞出橙皮，在沸水中烫漂 2 分钟后，立即在自来水中漂洗冷却，漂洗时间为 24 小时。漂洗后，将橙皮沥干水分，再分别取 50%原料重量的食盐和 30%原料重量的梅卤对橙皮进行盐渍，盐渍 20 天左右，捞出干燥，即成橙皮坯。

③脱盐。将橙皮坯用清水浸泡，每 5 小时换一次水，直至咸味变淡。

④入味、干燥。取 6 千克甘草加水 30 千克加热煮制，煮到剩余 25 千克甘草水时，再加入 20 千克白砂糖、50 克糖精进行加热溶解。之后将橙皮坯加甘草水在水缸中浸渍 2 小时，再送入烘房烘干，待干燥后，再加入原汁浸渍。烘干，可重复多次。

⑤拌甘草粉。取成品总重量 1%的甘草粉，均匀地拌到陈皮上，便可制得九制陈皮。

⑥包装。用聚乙烯塑料袋密封包装。

(3)质量要求 好的九制陈皮色泽均匀,柑橘香气突出,甜酸味适口,咸淡适宜,无杂质。

十二、苹果脯加工

(1)工艺流程 原料选择→分级、清洗→去皮、切分、去心→护色、硬化→糖煮→糖渍→干燥→包装→成品。

(2)操作技术要点

①原料选择。选用果形端整、个大、果心小、肉质疏松、成熟度八九成、无病虫害、无霉烂的苹果做原料。品种上可选用富士、倭锦、红玉、国光等。

②分级、清洗。根据果实大小、色泽、成熟度、形状进行分级,然后放在清水中清洗浸泡。有农药污染的可用0.5%~1.5%稀盐酸溶液,或0.1%高锰酸钾或0.06%浓度的漂白粉浸泡几分钟,再用流动清水洗净。

③去皮、切分、去芯。清洗干净的苹果用手工或用机械削去果皮,将苹果对半切开,用挖核器挖去果心。

④护色、硬化。在容器中配制0.2%~0.3%亚硫酸与0.1%的氯化钙混合溶液,将苹果片放在混合液中浸泡4~8小时,进行硬化和硫处理。也可使用亚硫酸氢钠溶液浸泡,其浓度一般为0.3%~0.6%,浸泡0.5~2.5小时。肉质较硬的品种只需进行硫处理。浸泡后捞出,放在清水中漂洗2~3次,沥去水分备用。

⑤糖煮。在夹层锅内配制40%的糖液25千克加热煮沸,倒进已漂洗干净60千克的果坯中,迅速煮沸后,再加入糖液5千克,重新煮沸,如此反复进行3次,需30~40分钟,此时,果块表面出现裂纹,果肉软而不烂,之后再进行加糖煮制。第一、二次各加糖5千克;第三、四次各加糖5.5千克;第五次加糖6千克,以上各次加糖后重新煮沸,每次相隔15分钟;第六次加糖7千克,煮

沸 20 分钟，糖液浓度达波美 42 度。整个煮制时间为 1～1.5 小时。此时，果块呈浅褐色透明，可以出锅。

⑥糖渍。趁热出锅倒入缸内连同糖液浸渍两天左右，待苹果出现透明感，果肉渗糖均匀，即可取出苹果片坯，沥去糖液。

⑦干燥。将沥去糖液的果片坯排放在烘盘上整形，送入烘房，在 60℃～70℃温度下烘烤 18～24 小时，到果肉饱满稍带弹性、表面不粘手时即可取出。

⑧包装。将出烘房的果片坯进行整修，剔除不合格的产品，用手捏成扁圆形即可包装。

(3)质量要求　成品苹果脯呈浅黄色至金黄色，具透明感，呈碗状或块状，有弹性，不返沙，不流糖，甜酸适度，具苹果风味；糖含量为 65%～70%，含水量为 18%～20%。

十三、梨脯加工

(1)工艺流程　原料选择→原料处理（清洗、去皮、挖核、切瓣）→浸硫→糖煮、糖渍→整形、烘干→包装→成品

(2)操作技术要点

①原料选择。挑选形状大小整齐、肉质厚、石细胞少、八成熟、无病虫害、无霉烂、无斑疤的梨果做原料。

②原料处理。用清水洗净梨果表面泥沙、污物，沥干水分。用手工或旋皮机去皮。去皮后，将果立即浸入 1%盐水中护色。护色处理后，再用不锈钢刀将梨纵切两半，用梨去心器挖去籽巢和果核。

③浸硫（熏硫）。用浓度为 2%的亚硫酸氢钠溶液浸泡梨块 15～20 分钟，然后用清水漂洗干净，捞出沥干水分。或将梨块装入竹匾，送进熏房，按 1 吨梨块用 3 千克硫黄的量，将硫黄点燃，熏蒸 4～8 小时。

④糖煮、糖渍。在夹层锅内配制浓度 40%的糖液，煮沸后将

梨块倒入锅内煮沸 5～7 分钟，然后将梨块连同糖液倒入缸内糖渍 24 小时。再在夹层锅内配制浓度为 50%～60%的糖液，将梨块捞出倒入锅内，沸煮 10～15 分钟，最后将梨块和糖液一起倒入缸中浸渍 24 小时。

⑤整形、烘干。将糖渍后的梨块沥去糖液，逐个压扁，放在烘盘上，注意不能叠得太厚。再将装有梨块的烘盘送入烘房，在 50℃～60℃的温度下烘烤，时间为 24～36 小时，烘至不粘手即可。

⑥包装。用塑料薄膜食品袋包装后，装入纸箱内。

(3)质量要求 成品梨脯呈浅黄色半透明，块形丰满完整，横径不小于 4 厘米，无破碎，不返沙结晶，质地柔韧细致，具梨应有风味和香气，无异味；含糖量为 68%，含水量为 17%～20%。

十四、杏脯加工

(1)工艺流程 原料选择→原料处理(洗涤、切半、去核、浸硫)→糖煮→糖渍→干燥→整形→均湿→包装→成品

(2)操作技术要点

①原料选择。选择皮色橙黄、肉厚、色黄、质地硬而韧、大小一致的新鲜大黄杏做原料。要求成熟度八成左右，果形整齐，无霉烂。

②原料处理。剔除病虫害、腐烂和变软的果，用清水漂洗干净。也可以用稀盐酸或高锰酸钾溶液浸泡，然后用清水清洗干净，沥干水分。切半去核后，将杏肉放在浓度为 0.3%～0.6%的亚硫酸氢钠中浸泡 1 小时左右，捞出，用清水冲洗干净。

③糖煮、糖渍。杏肉水分较多，细胞壁薄，组织细密，糖液渗入较难，故需多次糖煮、糖渍。

第一次糖煮、糖渍：将杏肉投入糖浓度为 40%溶液中煮沸 10 分钟，待果面稍膨胀、并出现大气泡时，即倒入缸内糖渍 12～24 小时，糖渍时，糖液要浸没果面。

第二次糖煮、糖渍：将上次糖渍的糖液加入白砂糖制成浓度为 50%的糖液，加入经一次糖渍的杏肉，煮制 2～3 分钟后，进行糖渍；糖渍后，捞出历去糖液，放到帘或匾中晾晒，使杏碗凹面向上，让水分自然蒸发，当杏碗失重 1/3 时，进行第三次糖煮。

第三次糖煮、糖渍：将糖浓度调为 65%～70%，煮制 15～20 分钟后，再进行糖渍。捞出杏肉，沥干糖液。

④干燥。将沥干糖液的杏肉放在烤盘中送入烘房，在60℃～65℃温度下烘烤 36～48 小时，烘至杏肉表面不粘手并富有弹性为止。为防止焦化，烘烤温度不要超过 70℃，并不时翻动果肉。也可采用阳光晾晒制干。

⑤整形、均湿。烘干的杏片需进行整形，即将杏碗捏成扁圆形的杏脯，堆放在一起，均匀一下湿度，使杏脯干湿均匀。

⑥包装。杏脯转化糖含量较高，易吸湿。包装时，先装入食品袋，再装入纸箱内，并放通风干燥处贮藏。

(3)质量要求　好的梨脯色泽淡黄至橙黄色，色泽较一致，半透明；组织饱满，果块大小一致，质地软硬适度，具有杏的风味，无异味；含水量为 18%～22%，含糖量为 60%～65%。

十五、蜜枣加工

我国南北方由于蜜枣加工方法不同，因此生产的蜜枣外观和肉质各具特点。南方蜜枣不透明、干燥、质松脆，外部有糖晶，但内部柔软，贮藏性能好。北方蜜枣经过硫处理，糖煮时间长，蜜枣不结霜，有光泽，半透明。

(1)工艺流程　原料选择→分级→清洗→切缝→熏硫→糖煮→烘干→包装→成品

(2)操作技术要点

①原料选择、分级。选用新鲜、果形大、果肉肥厚、肉质疏松、果核小、皮薄而质韧的品种，如浙江的大枣、马枣，北京的糖枣，山

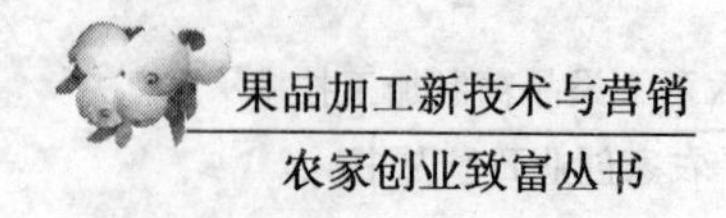

西的泡枣，河南的灰枣，陕西的团枣等做原料。剔除病虫害果、霉烂果。按大小分级，分别加工，以每千克100～120个枣为最好。

②清洗、切缝。用清水洗净枣表面上的灰尘和杂质，捞起沥干水分。用自动切缝机将每个枣果划适量的条纹，其深度达果肉厚度的1/2。划缝太浅，糖液不宜渗透；太深时，糖煮时枣易烂。要纹路均匀，两端不切断。

③熏硫。北方蜜枣在切缝后将枣果装筐，入熏硫室。硫黄用量为果重的0.3%，熏硫30～40分钟。南方蜜枣不进行熏硫处理，切缝后即可进行糖制。

④糖煮。北方蜜枣以大锅糖煮，先配制浓度30%～50%的糖液35～45千克，与50～60千克枣果同时下锅煮沸，加上次浸枣的糖液(枣汤)2.5～3千克，煮沸，反复三次加枣汤后，开始分次加糖煮制。第1～3次每次加糖5千克、枣汤2千克，最后一次加糖后，继续煮20分钟，之后连用糖液倒入缸中浸渍48小时。全部糖煮时间需1.5～2小时。

南方蜜枣用小锅糖煮，每锅鲜枣10千克、白砂糖6千克、水1千克，采用分次加糖进行煮制，时间为1～1.5小时。先将3千克的砂糖、1千克水放入锅内煮沸，加入枣果，大火煮沸10～15分钟，再加白糖2千克，迅速煮沸，加枣汤4～5千克，煮至温度为105℃、含糖量为65%时停火。带糖液倒入另一枣锅，糖渍40～50分钟，每隔15分钟翻动一次，最后滤去糖液，进行烘焙。

⑤烘干、包装。将滤去糖液的枣果装入烘盘，送烘房进行烘焙，温度控制在60℃～65℃，烘至六七成干时，对枣果进行整形，捏成扁平的长椭圆形，再放入烘盘上继续干燥(回烤)，烤至表面不粘手、果肉具韧性即可。使用复合塑料食品袋进行定量密封包装。

(3)质量要求 成品蜜枣色泽棕黄色或琥珀色，均匀一致，呈半透明状态(北方蜜枣)，形态为椭圆形，丝纹细密整齐，含糖饱满，质地柔韧；不返沙，不流汤，没有皱纹、露核及虫蛀；糖含量为68%～72%，水分含量为17%～19%。

十六、猕猴桃脯加工

(1)工艺流程　原料选择→清洗→去皮→切分→护色、硬化→漂洗→糖制→烘干→包装→成品

(2)操作技术要点

①原料选择、清洗。选用成熟度八成左右的中华猕猴桃果实，要求无病虫害、无霉烂、无过青或过熟的果实为原料。用清水洗去猕猴桃表面尘土，剔除混在果中的杂质，沥干水分。

②去皮。将猕猴桃倒入浓度为18%～25%的烧碱液中煮沸，浸煮1～1.5分钟，温度保持90℃以上，并轻轻搅动猕猴桃果，使其充分均匀接触碱液。当果皮变蓝黑色时立即捞出，用手(戴橡皮手套)轻轻搓去果皮，并用清水冲洗干净，倒入1%盐酸溶液中护色。

③切分、护色、硬化。将猕猴桃两头花萼、花梗蕊切除，然后纵切或横切成0.6～1厘米厚的果片。切片要求厚薄基本一致。将果片放入浓度为0.3%亚硫酸盐和0.2%氯化钙混合溶液中浸泡1～2小时。

④糖制。将果片捞出用清水漂洗，并沥干水分，放入30%糖液中煮沸4～5分钟，再放入冷糖液中浸渍8～24小时，再移出糖液，补加糖液重15%的白砂糖，加热煮沸后再倒入原料进行糖渍，8～24小时后移出糖液，再补加糖液重10%的白砂糖，加热煮沸后加回原料中，利用温差加速渗糖。经几次渗糖，达到所需含糖量。

⑤烘干。将果片取出沥干糖液，铺放在烘盘上，在温度为50℃～60℃条件下干燥。干燥后期手工整形，将果片捏成扁平，继续干燥至不粘手即可，干燥中注意翻盘和翻动果片，使其受热

均匀。

⑥包装。按果片色泽、大小、厚薄分级，将破碎、色泽不良、有斑疤黑点的拣出。用PE袋或PA/PE复合袋包装，按50克、100克装袋。

(3)质量要求 好的猕猴桃脯呈淡绿色或淡黄色，色泽一致，半透明，有光泽；果片椭圆或圆片，块形大小较一致，厚薄较均匀，质地软硬较适度，具猕猴桃应有的风味和香气，无异味；含糖量为50%～60%，含水量为18%～20%。

十七、樱桃脯加工

(1)工艺流程 原料选择→后熟→去核→脱色烫漂→糖煮、糖渍→烘制→包装→成品

(2)操作技术要点

①原料选择。选用成熟度九成、新鲜饱满、个大肉厚、风味浓、汁少、色浅、无病虫害、无霉烂、无机械损伤的果实做原料。

②后熟。樱桃宜傍晚采收，采收时防止雨淋，并在室温下摊放竹席上后熟一夜，以便果核与果肉分离。但切忌堆放过厚引起发热，影响制品质量。

③去核。经过后熟，果核已与果肉分离。可使用桶核器(用针在筷子上绑成等边三角形，内径约为樱桃直径的80%)捅出果核。注意尽量减少捅核的裂口，保持果实完整。

④脱色烫漂。将去核的樱桃浸入0.06%亚硫酸氢钠溶液中，浸泡8小时，脱去表面红色。对红色较重的樱桃，脱色时间可适当延长。将脱色樱桃用清水漂洗后放入25%糖液中，预煮5～10分钟，随即捞出，放入45%～50%的冷糖液中浸泡12小时左右。

⑤糖煮、糖渍。将糖液浓度调制为60%，并加适量柠檬酸煮沸，放入樱桃，用文火进行糖煮。煮沸时要使糖液充分渗透到果实内，把水分替换出来，熬至半透明状即可。糖煮时间大约30分

钟。将煮制好的樱桃果连同糖液一起倒入缸内，糖渍 1～2 天，然后捞出沥净糖液。

⑥烘制、包装。把糖渍好的樱桃放到烘盘上，送入烘房进行烘制，保持温度 60℃～65℃，烘制 7 小时，冷却后即为成品。包装时，剔除杂质及破碎果，按果实色泽、大小、形态分级包装。

(3)质量要求　好的樱桃脯色泽金黄，均匀一致，有透明感及光泽，果实完整，破碎率不超过 5%，组织饱满，质地柔软，酸甜适口，有原果风味，无杂质；要求含糖量为 70%，还原含糖量为 60%，含酸量为 0.7%(以柠檬酸计算)，含水量为 17%～20%。

第四节　常见果品果酱类加工实例

一、柑橘酱加工

(1)工艺流程　原料选择→清洗→热烫→剥皮、去果核→打浆→配料→煮制→装罐、密封→杀菌、冷却→成品

(2)操作技术要点

①原料选择。挑选新鲜成熟、含酸量高、芳香味浓的果实做原料。剔除风味差、腐烂的果实。也可利用制作糖水罐头时剔除的新鲜碎橘肉、甜橙榨汁过滤出来的果肉渣为原料。

②清洗。用清水洗净果面灰尘、污物，沥干水分。

③热烫、剥皮、去果核。用沸水热烫 3～5 分钟，有利于剥皮。用手工剥皮，除去果核(果皮有苦辣味，种子带苦味，影响果酱质量)。

④打浆。将果肉用破碎机绞碎，再放入打浆机打浆。选用占果肉重 12%的无斑点的橙红色橘皮，置 10%盐水中煮沸两次，每次 30～45 分钟，再用清水漂洗 8～12 小时。漂洗期间每隔两小时换水一次，漂洗后，去掉部分水分，然后破碎打浆，再与果肉浆混合。果皮富含果胶，可促进胶凝，并具有良好色泽和风味。

⑤配料、煮制。柑橘果肉、橘皮、砂糖比例为50∶6∶44。把柑橘果浆倒入夹层锅或真空浓缩锅内。一般用夹层锅加热浓缩，浓缩时间为30～60分钟。在加热后20～40分钟内，分两次加糖，温度保持100℃，加糖量为橘肉重量的90%～100%。如原料中果胶和酸不足1%时，可适量加入果胶和酸；如原料过熟，可加入相当于酱体重量0.1%的氯化钙，帮助胶凝。煮制时要不断搅拌。当酱体温度达105℃～107℃、可溶性固形物含量达66%～68%，即完成煮制。整个煮制过程不超过1小时。

⑥装罐、密封。柑橘酱趁热装入消毒过的玻璃瓶内。密封时，柑橘酱温度不低于80℃。密封后，将罐倒置2～3分钟，对罐盖进行消毒。

⑦杀菌、冷却。密封后在沸水中煮15分钟进行杀菌，然后分段冷却至38℃。每段温差不能大于30℃。然后用布擦去罐面水分，送入仓库保存。

(3)质量要求 好的柑橘酱酱体色泽金黄或橙黄色，均匀一致，组织呈黏稠状，无糖结晶，具有柑橘固有香气和风味，无焦煳味和其他异味；可溶性固形物含量≥65%，含糖量≥57%(以转化糖计)。

二、菠萝酱加工

(1)工艺流程 原料选择→打浆→过滤→加配料→浓缩→装罐→杀菌、冷却

(2)操作技术要点

①原料选择。可充分利用成熟度适当的新鲜小菠萝的果肉或制糖水罐头时被挑出的碎果肉做原料。

②打浆。将挑选出的原料送入打浆机或磨泵粉碎机打成浆。

③过滤、加配料。将粉碎的果浆进行过滤，滤去大块果渣。在过滤的浆液中加入白砂糖、柠檬酸，调配好糖酸度，再加入用水

溶解的琼脂，搅拌均匀。配料比例为鲜菠萝碎肉54%、白砂糖46%、每100千克菠萝碎肉添加琼脂300克。

④浓缩。采用真空浓缩。真空度不低于79.98千帕，温度不超过60℃，达到浓度后关闭真空，升温至95℃时即可装罐。如用开口锅浓缩，其浓缩时间不得超过30分钟。浓缩后，迅速将酱温降到83℃～100℃进行装罐。

⑤装罐（瓶）、杀菌、冷却。浓缩好的酱液装入消毒好的罐（或瓶），用封罐机密封，然后在100℃蒸汽中消毒15～20分钟，再进行分段冷却。

(3)质量要求　菠萝酱呈金黄或浅棕色，均匀一致，在20℃时呈凝胶状，无汁液析出；无糖结晶，酸甜适口，具菠萝特有风味；可溶性固形物含量达66%～67%，含糖量不低于60%。

三、杨桃酱加工

(1)工艺流程　原料选择→原料处理→加热软化→粉碎打浆→调配→加热浓缩→装罐密封→杀菌、冷却→成品

(2)操作技术要点

①原料选择。选择八九成熟、新鲜、风味浓、无病虫害、无霉烂的果实做原料。

②原料处理。用清水洗净果面的尘土和杂质，用不锈钢水果刀切去头尾、削去棱角。处理好的杨桃禁止堆积，以防变色。

③加热软化、粉碎打浆。将杨桃浸入沸水中软化2～3分钟，以便于打浆和糖液渗透，同时破坏其酶活性，防止果实变色。软化后的杨桃放入打浆机中打成浆。

④调配。杨桃果胶含量少，而含酸量较高，打浆后的原浆pH值低，一般仅为1～2。使用凉开水调浆，使pH值达到3～3.2，然后再进行压榨（压榨后的汁可作浓缩果汁和汽水用）。榨后果浆含水量适中，浆重量与打碎后的原浆重相同。掌握浆量占

总配料的40%～50%，砂糖占45%～60%（其中，允许使用淀粉糖浆量占总糖量的20%以下），琼脂添加量为0.5%～0.7%（琼脂先溶于20倍热水中，过滤）。

⑤加热浓缩。取1/3糖浆和果酱在夹层锅中加热煮沸10～20分钟，使其软化并蒸发部分水分，再分批加入剩余的糖液，待浓缩至可溶性固形物含量达到60%～65%时，加入琼脂液，搅拌均匀，立即起锅、装罐。在浓缩过程中要经常搅拌，防止焦锅。

⑥装罐、杀菌。装罐时，要求酱温在85℃以上。装罐后立即加盖密封，并杀菌。将密封的罐头投入100℃沸水中煮5～15分钟，然后分段冷却至38℃，之后，擦干罐头上的水分，进行包装。

(3)质量要求 成品杨桃酱呈胶黏状，无糖结晶，无汁液析出，无焦煳味和其他异味，而具有杨桃独特风味；可溶性固形物含量不低于65%，糖含量按转化糖计不低于57%。

四、芒果酱加工

(1)工艺流程 原料选择→清洗→打浆→预煮→配料→加热浓缩→装罐、密封→杀菌、冷却→成品

(2)操作技术要点

①原料选择、清洗。选择八成熟的新鲜果实。成熟度过高的芒果果胶及酸含量低；成熟度过低，则色泽风味差，且打浆困难。要求选择香味浓、含果胶及含酸较高、无病虫害和霉烂的果实做原料。用清水洗净原料表面的灰尘、杂质，沥干水分。

②打浆。将清洗干净的原料用不锈钢刀去皮、去核，再用打浆机打浆。也可使用芒果原浆半成品。

③预煮。用夹层锅加热芒果浆，煮沸10分钟，这样可破坏其酶的活性，防止变色和促进果胶水解，提高果胶含量，并蒸发一部分水分。注意加热时要不断搅拌，防止煮焦。

④配料、加热浓缩。按产品标准要求配料，一般果浆100千

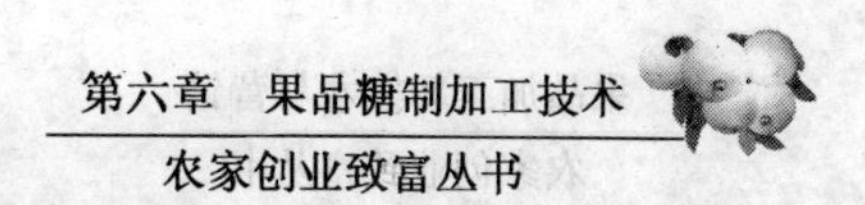

克搭配白砂糖 100 千克，果浆要求含果胶 1%，含酸 1%，不足时补加。按比例将果浆、配料倒入夹层锅加热浓缩，不断搅拌。浓缩至可溶性固形物含量达 65%（糖度计），酱体温度达 104℃～105℃即可出锅。

⑤装罐、密封。出锅后，应及时装罐。密封时的酱体温度不低于 80℃。封罐后应立即杀菌冷却。

⑥杀菌、冷却。在封罐后，立即投入沸水中杀菌 5～15 分钟。杀菌后马上冷却至 38℃～40℃，然后擦去罐外水分、污物，送入仓库保存。

(3)质量要求　成品芒果酱呈橙黄色，色泽一致，酱体黏稠，含有芒果碎块，无蔗糖结晶，无汁液析出；具有芒果香气和风味，无焦煳味及其他异味；可溶性固形物含量≥65%（折光计）。

五、枇杷酱加工

(1)工艺流程　原料选择→清洗、去皮、去核→配料→预煮→绞碎→浓缩→装罐→密封→杀菌→冷却

(2)操作技术要点

①原料选择。选用新鲜、无霉烂、无虫蛀、果大肉厚、充分成熟的枇杷果实做原料。也可以利用加工罐头剩余的碎料为原料。

②清洗、去皮、去核。用 1%的盐水或 0.05%的高锰酸钾溶液洗涤，然后用清水漂洗干净，再手工去皮、去核。

③配料、预煮。用果肉 60 千克、白砂糖 40 千克、琼脂 110 克、柠檬酸 150 克进行配料。将果肉和柠檬酸同时放入夹层锅中，加水使果肉淹没，预煮 40 分钟，煮至果肉软烂为止。煮制过程中要不断搅拌，防止煮焦。

④绞碎。首先用孔径为 10～12 毫米的筛筒绞肉机将果肉绞碎，再用打浆机打成浆。

⑤浓缩。将白砂糖配成浓度为 75%的糖液，加热溶解，用纱

布过滤后备用。琼脂用清水洗净，再加 20 倍水煮沸，使琼脂溶解，过滤备用。将果肉倒入夹层锅中，用蒸汽加热浓缩。煮沸后，分三次将糖液加入，并不断搅拌，直到浆液呈金黄色，温度达 105℃时加入琼脂溶液，搅拌均匀。

⑥装罐、密封、杀菌、冷却。趁热将果酱装入消过毒的罐中，在浆体中心温度为 80℃以上时密封。密封后将罐放入 100℃沸水中杀菌。杀菌公式为 5′—20′/100℃。然后分三段进行冷却(即以 80℃、60℃、40℃)。冷却至 40℃以下后，擦干罐体水分，入库贮藏。

(3)质量要求 成品枇杷酱色泽橙黄至淡金黄色，具有枇杷酱应有的风味，无焦味和其他异味；酱体呈粒状，不流散，无汁液析出，无糖结晶，稍有韧性，可溶性固形物含量不低于 65%。

六、桃酱加工

(1)工艺流程 原料选择→清洗→切分、去核→绞碎→配料→软化和浓缩→装罐、密封→杀菌、冷却→成品

(2)操作技术要点

①原料选择、清洗。选用新鲜、充分成熟、含酸量较高、芳香味浓、无病虫害、无霉烂的桃果。剔除病虫果、腐烂果做原料，将合格果放在 0.5%的明矾水中洗涤，洗去灰尘、杂质并脱去果面绒毛，再用清水冲洗干净。

②切分、去核。用不锈钢水果刀将桃果一分为二，挖去桃核。

③绞碎。将冲洗干净的桃块用绞板孔径为 8～10 毫米的绞肉机绞碎，并立即加热软化，防止变色和果胶水解。

④配料。用果肉 50 千克、白砂糖 48～54 千克(包括软化用糖)、柠檬酸适量进行配料。

⑤软化和浓缩。将果肉 50 千克加 75%糖液 33 千克，一同放入夹层锅内加热煮沸 20～30 分钟，使果肉充分软化，并不断搅

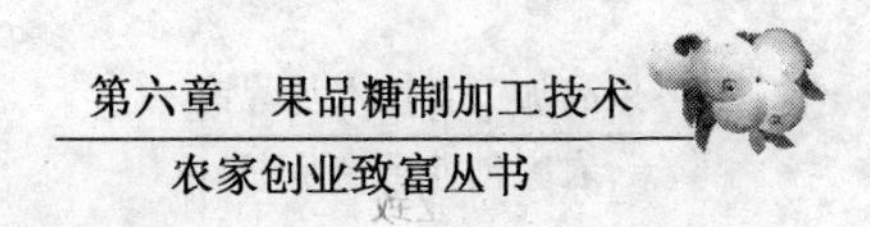

拌,防止焦煳。然后再加入75%浓糖液33千克,煮至可溶性固形物含量达66%时出锅,立即装罐。

⑥装罐、密封。将桃酱装入经清洗、消毒的玻璃罐内。装罐时,酱体中心温度不低于85℃,并立即密封,旋紧瓶盖,将罐倒置3分钟。

⑦杀菌、冷却。杀菌公式为5′—15′/100℃,然后分段冷却至40℃以下。

(3)质量要求 成品桃酱呈红褐色或琥珀色,均匀一致;酱内无粗大果块,呈胶黏状,不流散,无汁液析出,无糖结晶,无果皮、果梗;具有桃酱的风味,无焦煳和其他异味;含糖量以转化糖计不低于57%,可溶性固形物含量不低于65%。

七、柰酱加工

(1)工艺流程 原料选择→原料处理→配料→加热浓缩→装罐→密封→冷却→擦罐、入库→成品

(2)操作技术要点

①原料选择。选用新鲜、充分成熟、无病虫害、无霉烂、含糖量高、风味较浓的果实为原料。

②原料处理。用清水洗净柰果表面泥沙和尘土,用不锈钢水果刀切成两半,再用去核器挖去果核。然后将柰片反扣在输送带上,用浓度为15%～18%氢氧化钠溶液,在温度为80℃～85℃的条件下,淋碱1～2分钟,然后迅速搓去残留果皮,再以流动清水洗去果实表面残留的碱液。也可用浸碱法去皮。使用氢氧化钠浓度为10%～20%,在温度为98℃～100℃,将柰果浸泡1～2分钟。

将去皮后的柰果进行整修,用不锈钢水果刀切除有斑点、虫蛀、褐变、伤烂的部位及残留的果皮后,再将柰果清洗干净,投入绞板孔径为8～10毫米的绞肉机绞碎,然后迅速加热软化,防止变色和果胶水解。

③配料。用果肉 50 千克、精砂糖 48～54 千克(包括软化时用糖)、柠檬酸适量进行配料。

④加热浓缩。将果肉 50 千克加 10%的糖水约 30 千克,一同放入夹层锅中加热煮沸 20～30 分钟,不断搅拌,以防焦化,促使果肉充分软化,然后添加定量的浓糖液(用淀粉糖代替 10%～15%白砂糖品质更佳),煮至可溶性固形物含量达 60%时加入柠檬酸(和适量淀粉糖浆),继续加热浓缩,至可溶性固形物达 66%左右时即可出锅,然后趁热快速装罐。

⑤装罐、密封、冷却。将果酱装入经洗净消毒的 454 克玻璃瓶或四旋罐中,顶隙高度留 3～5 毫米,瓶盖及胶圈必须用开水煮沸 5 分钟后进行封口。封口时,酱体中心温度应不低于 85℃,旋紧瓶盖,倒置 3 分钟。之后,分段冷却至 40℃以下。

⑥擦罐、入库。擦干瓶身及瓶盖的水分,放入温度为 20℃的仓库内贮藏一周,检验合格即可出厂。

(3)质量要求 成品柰酱为红褐色或琥珀色,均匀一致,呈胶黏状,置于水面上允许徐徐流散,但不分泌汁液,无糖结晶;具有柰酱应有的良好风味,无焦煳及其他异味;可溶性固形物含量不低于 65%,含糖量不低于 57%(按转化糖计)。

八、苹果酱加工

(1)工艺流程 原料选择→原料处理→加热软化→打浆→调配→加热浓缩→装罐、密封→杀菌、冷却→成品

(2)操作技术要点

①原料选择。选择新鲜、成熟度八或九成、肉质致密、香味浓郁、果胶含量多的苹果做原料。剔除病虫害、腐烂、机械伤的果实。

②原料处理。将挑选好的苹果进行清洗,洗去灰尘、杂质。用手工或机械去皮,再切半、去果心,并迅速将果块置于 1%食盐

水中浸泡，防止变色。

③加热软化。将盐水处理后的果块用清水冲洗脱盐，然后置于夹层锅中，加上果块重10%～20%的清水，煮沸10～20分钟，不断搅拌，使果块软化均匀。

④打浆、调配。果块软化后，将果块连同汁液用孔径为0.7～1.5毫米的打浆机将果块打成浆状。然后进行调配。果浆一般占40%～55%，砂糖占45%～60%，柠檬酸适量。外销型苹果酱砂糖含量超过果浆，柠檬酸含量高；内销苹果酱则相反。之后，将砂糖配制成75%的糖液，煮沸、过滤备用。

⑤加热浓缩。将果浆倒进夹层锅加热浓缩，必须不断搅拌，然后加入预先配制的75%糖浆，在气压为0.3兆帕的条件下，继续加热浓缩，加热至可溶性固形物含量达60%时，加入少许淀粉糖浆和柠檬酸，再继续浓缩，浓缩至可溶性固形物达到66%～67%时即可出锅。

⑥装罐、密封、杀菌、冷却。趁热装罐。装罐时，果酱中心温度必须在85℃以上。装罐后立即加盖密封。利用沸水杀菌，在沸水中保持15分钟。杀菌后迅速进行分段冷却至38℃左右。抹去罐头上残留的水分，贴上商标。

(3)质量要求　成品苹果酱呈红褐色或琥珀色，无糖结晶，无汁液析出，无杂质；具有苹果酱罐头应有的风味，无焦煳味和其他异味；高糖苹果酱可溶性固形物含量：≥65%，低糖苹果酱可溶性固形物含量：≥45%。高糖苹果酱含糖量：≥57%，低糖苹果酱含糖量：≥37%。

九、梨膏糖加工

梨膏糖色泽晶莹剔透，风味爽口宜人，含有钙、磷、铁等人体必需的元素，还有胡萝卜素、硫胺素、核黄素、尼克酸、抗坏血酸等物质，有祛咳、化痰、平喘等功效，长期食用，可以调节人体代谢，增强人体免疫机能。

(1)工艺流程 原料选择→清洗→去皮、切分、去果核→预煮→榨汁、过滤→浓缩→装罐→杀菌、冷却→成品

(2)操作技术要点

①原料选择、清洗。选用新鲜、充分成熟、多汁、含糖分高、无病虫害、无霉烂的果实做原料。可选择雪梨、鸭梨、锦丰梨等品种,还可充分利用不适合制糖水罐头的原料。用流动的清水清洗所选的梨果,洗去果面的灰尘、杂质,沥干水分。

②去皮、切分、去果核。用手工或削皮机削皮,并用不锈钢刀将梨果纵切两半,用去心器挖去果核和籽巢,再用清水洗净果块。

③预煮。将果肉倒入夹层锅中,向锅内添加果肉重量15%的水。如梨汁多,可适量少加水,煮沸20分钟,使果肉软化。预煮期间需不断搅拌,以免焦煳。

④榨汁、过滤。使用压榨机榨汁,再用纱布过滤。滤渣用热水浸泡提取1～2次,再榨汁过滤。最后将滤汁合并进行浓缩。

⑤浓缩。将合并的过滤汁放进夹层锅中,用2.5～3千克/平方厘米的蒸汽压进行浓缩,沸腾后撇去泡沫。浓缩过程应不断搅拌以免焦煳。加入白砂糖(是果肉重量的20%)充分搅拌,使糖全部溶化,继续加热浓缩至适宜的浓度为止。浓缩终点的测定是取浓缩液1～2滴放于水中,如不变形、不溶散即可。此时沸点约为104℃～105℃,锅内的果汁起大泡发黏。如果使用真空浓缩机煮制,其品质更好。

⑥装罐、杀菌、冷却。将制好的梨膏糖趁热装入已杀菌消毒的玻璃瓶或罐中。密封时,梨膏糖中心温度不低于85℃。密封后,在沸水中煮15～20分钟进行杀菌,然后分段冷却至38℃,送仓库保存。每100千克的梨果可以制梨膏糖15～20千克。

十、山楂果酱加工

(1)工艺流程 原料选择→清洗→切分→打浆→加热、煮制

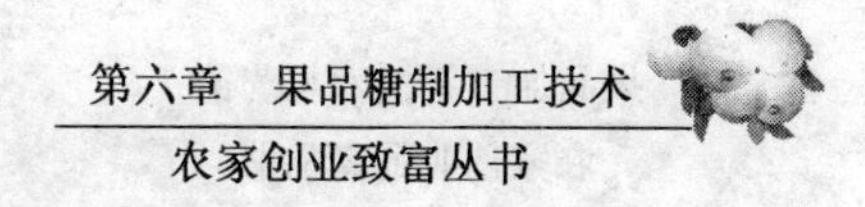

→装罐、密封→杀菌、冷却→成品

(2)操作技术要点

①原料选择、清洗。选用新鲜、色泽鲜红、无病虫害、无霉烂、风味浓的山楂做原料。用清水洗去果面灰尘和泥沙，沥干水分。

②切分、打浆。将山楂切分两半去掉籽巢、花萼、蒂把，再用清水洗净。用打浆机打成浆。

③加热、煮制。将果浆倒进夹层锅，加一定量的水煮沸，同时称取与原果浆等量的白砂糖，配成60%～70%的浓糖液，分2～3次加入沸腾的原果浆中。在整个煮制过程中不断搅拌，使之不粘锅，不焦煳。待煮到果浆呈透明状、需用力才能搅动时，即可加入适量的琼脂和柠檬酸等，经2～3分钟即可出锅。整个煮制时间需45分钟时间。

④装罐、密封、杀菌、冷却。出锅后，应趁热立即装入已消毒的罐内(罐采用蒸汽消毒10～15分钟)，留8～10毫米的顶隙。装罐时，酱体中心温度不低于85℃，并迅速封口，立即放入沸水中煮5～15分钟，及时用冷水分段冷却至38℃～40℃，擦干罐表面的水分，包装后即可入库。

(3)质量要求　好的山楂果酱呈透明、棕红色，组织均匀，酱质细腻，酸甜适口，可溶性固形物含量不低于65%。

十一、山楂、胡萝卜复合果酱加工

(1)工艺流程　原料选择→清洗→整修、切分、去核→预煮→打浆→混合→浓缩→装瓶、密封→杀菌、冷却→成品

(2)操作技术要点

①原料选择。选择新鲜无病虫害、无霉烂、无损伤、色泽鲜红、充分成熟的山楂，以及正常成熟、颜色鲜艳的胡萝卜做原料。

②清洗。用清水洗去山楂、胡萝卜表面泥沙和微生物。胡萝

卜用不锈钢刀削去绿色根皮，切成10毫米长、2～3毫米宽的小块备用；山楂浸入0.5%稀盐酸溶液中浸泡5～10分钟，除去果皮上残留的农药，然后捞出，用清水冲洗干净，用不锈钢水果刀去除果蒂、果柄及切分4块，挖除果核备用。

③预煮。山楂和胡萝卜分锅预煮。加入山楂果块重量20%～30%的清水，在不锈钢锅内煮10～15分钟，至果肉软化为止；再加入胡萝卜重量30%～40%的清水，在不锈钢锅中煮20～30分钟，直至胡萝卜软化易打浆即可。

④打浆、混合。将上面得到的胡萝卜混合料倒入打浆机内，占机体容积的2/3进行打浆。山楂果块易软化，故不需打浆。之后将山楂果浆、胡萝卜浆按1∶0.8比例混合。

⑤浓缩。先将白砂糖配成75%的糖液并过滤除去杂质，然后按混合液与白砂糖为1∶(0.6～0.8)的比例将糖液与混合液一同入锅，加热浓缩。浓缩时，要注意控制火力，不断搅拌，防止煳锅。浓缩至可溶性固形物含量达60%、果酱中心温度达到105℃～106℃时即可出锅。

⑥装瓶、密封、杀菌、冷却。浓缩结束，趁热装入事先消毒好的瓶中。装瓶时，保持酱体温度为85℃。灌瓶时顶隙留6毫米，装好后立即密封。密封后，立即用蒸汽杀菌，5分钟内升温至100℃，保持20分钟时间，然后分段冷却至37℃左右。擦净罐瓶周围水珠，即可入库贮存。

(3)质量要求 山楂、胡萝卜复合果酱呈红黄色，置于平面上呈胶黏状，徐徐流散，不分泌汁液，无糖结晶，甜酸适口，无焦煳味及其他异味；可溶性固形物含量达60%。

十二、山楂糕加工

(1)工艺流程 原料选择→清洗→切分→软化→过筛→配料→加热浓缩→入盘→冷却→成品

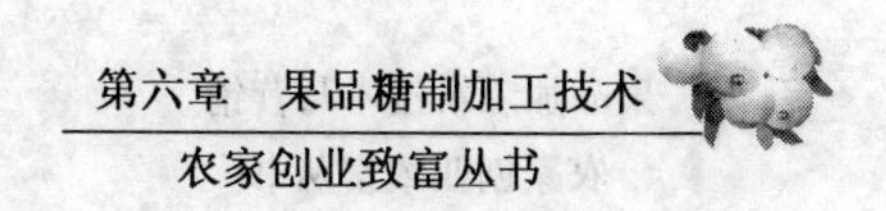

(2)操作技术要点

①原料选择。选用新鲜、果大、成熟的山楂做原料，剔除霉烂，虫疤等不合格果。

②清洗、切分。用清水洗净果面泥沙、污物和杂质。用不锈钢刀切分去蒂把，并将籽去除(也有的省去剥籽工序)。

③软化、过筛。加入与果重等量的水，在夹层锅中煮沸30～40分钟，边煮边搅动，至果肉软烂为止。先粗筛去皮、去籽，再用孔径为0.5～2.0毫米细孔筛打浆机进行打浆。

④配料。用40千克山楂加糖25千克，研细的明矾1千克或按果肉浆液的60%～80%加入白砂糖进行配料。

⑤加热浓缩。按配料比例在夹层锅内加热浓缩，不断搅拌，以防煳锅，待水蒸发掉一部分后，开始分次加糖，继续搅拌，待可溶性固形物含量达65%以上时即可出锅。

⑥入盘、冷却。将浓缩后的黏稠浆液趁热倒入搪瓷盘内，冷却凝固即为成品。

(3)质量要求　成品山楂糕呈红褐色，结构致密，糕体细腻柔软，富有弹性，有光泽，且色泽一致，味甜酸，无异味，糕体呈固态，切开无糖液析出；含糖量不低于57%(以转化糖计)，可溶性固形物含量不低于65%(按折光仪计)。

十三、猕猴桃酱加工

(1)工艺流程　原料选择→清洗→去皮→打浆→配料→煮酱→装罐→密封→杀菌→冷却→擦罐入库→成品

(2)操作技术要点

①原料选择。选择充分成熟、无腐烂、病虫害的果实做原料。

②清洗、去皮。用流动清水冲净果实表面上的泥沙和杂质，沥干水分。投入20%煮沸的碱液中，浸烫1～2分钟去皮，然后加入1%的盐酸中和碱液，最后用清水冲洗果实，去除残留果皮及果

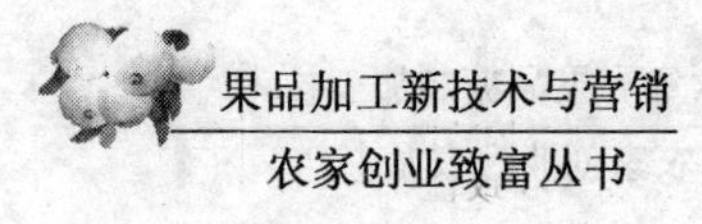

蒂等。

③打浆、配料。用孔径为 0.8～2.0 毫米的打浆机将猕猴桃打浆，按果肉与白砂糖 1∶1 的比例配料。首先将 100 千克白砂糖加水 33 千克，加热溶解，配成浓度为 75%左右的糖液过滤备用。如果实含酸量和含果胶量低，可加少量柠檬酸和果胶。

④煮酱。先取糖液总量的 1/2 与果肉一起倒入夹层锅内，预煮软化 8～10 分钟，破坏果实内酶的活性，防止变色和果胶水解，并蒸发部分水分，缩短浓缩时间。果肉软化至成透明状，无白心，再分两次加入其余的糖液，继续煮 25～30 分钟，煮至可溶性固形物达到 65%、果酱黏稠、有光泽、温度达到 105℃时，便可出锅装罐。

⑤装罐、密封、杀菌、冷却。出锅后，酱体温度不低于 80℃的条件下，立即装罐，保留顶隙 3 毫米左右，迅速密封。密封后的罐立即放入 70℃热水中，加温至 100℃，杀菌 5～20 分钟，然后分段冷却至 40℃。

(3)质量要求 好的猕猴桃酱呈黄绿色，色泽均匀一致，呈胶黏状，具猕猴桃的特有风味，无其他异味，无糖结晶，不分解汁液；可溶性固形物含量达 65%以上。

十四、草莓酱加工

(1)工艺流程 原料选择→清洗→去梗、去萼片→配料→加热浓缩→装罐、密封→杀菌、冷却→保温、检验→成品

(2)操作技术要点

①原料选择、清洗。选用果形大、含果胶及果酸多、芳香味浓的品种做原料。果实要求八九成熟，果面呈红色或淡红色，并剔除不合格果。将草莓倒入清水中浸泡 3～5 分钟，再分装到竹筐内，再放入流动的清水中或通入压缩空气的水槽中淘洗，洗净泥沙，除去污物等杂质。

②去梗、去萼片。逐个拧去果梗、果蒂，去净萼片，挑出杂物及霉烂果。

③配料。用草莓 40 千克、白砂糖 46 千克、柠檬酸 120 克、山梨酸 30 克进行配料。

④加热浓缩。第一种方法是将草莓倒入夹层锅内，并加入一半糖液，加热使其充分软化，搅拌后，再加入余下的糖液和柠檬酸、山梨酸，继续加热，浓缩至可溶性固形物含量达 66.5%～67%时出锅。第二种方法是采用真空浓缩，将草莓与糖液置入真空浓缩锅内，控制真空度达 46.66～53.33 千帕，加热软化 5～10 分钟，然后将真空度提高到 79.89 千帕，浓缩至可溶性固形物含量达 60%～63%时，加入已溶化好的山梨酸和柠檬酸，继续浓缩。当浓缩至酱液浓度达 67%～68%时，关闭真空泵，并把蒸汽压力提高到 250 千帕，继续加热。当酱温达 98℃～102℃，停止加热，而后出锅。

⑤装罐、密封、杀菌、冷却。果酱趁热装入消过毒的罐中。每锅酱必须在 20 分钟内装完。装完后密封。密封时，酱体温度不低于 85℃，旋紧罐盖。封盖后，立即投入沸水中杀菌 5～10 分钟，然后逐渐用水冷却至罐温达 35℃～40℃。

⑥保温、检验。将装罐后的草莓酱送入保温库（37℃±2℃）中保存 7 天，然后进行检验。

(3)质量要求　好的草莓酱色泽呈紫红色或红褐色，有光泽，均匀一致；味甜酸，具有良好的草莓风味，无焦煳及其他异味；酱体胶黏状，可保留部分果块，含糖量不低于 57%，可溶性固形物含量达 65%。

第七章 果酒酿造技术

第一节 果酒的酿造原理及种类

一、果酒的酿造原理

果酒是果汁(浆)经过酒精发酵酿制而成的含醇饮料,色、香、味俱佳,且营养丰富。

1. 酒精发酵及其主要副产物

酒精发酵是利用酵母菌的生长繁殖,将果汁中可发酵性的糖类经过发酵转变为酒精和二氧化碳。

酒精发酵是一个极其复杂的生物化学变化过程,是通过酵母菌活动所产生的多种酶的作用,经过许多反应,最后生成酒精和二氧化碳。

酒精发酵过程中除产生乙醇外,还常有甘油、乙醛、醋酸、乳酸和高级醇等副产物产生,它们对果酒的风味、品质影响很大。

2. 酯类作用及生成

酯类赋予果酒独特的香气。酯类生成有两个途径,一是发酵过程中的生化反应,它是通过酰基辅酶 A 与酸作用生成中性酯;二是陈酿和发酵过程的酯化反应,即酸和醇生成酯的反应,它在无催化的情况下也能产生。在陈酿过程中,化学反应也生成一些中性酯,但数量很少。而酸和醇发生酯化反应所生成的大部分酯类为酸性酯。

3. 氧化还原作用

氧化还原作用是果酒加工中一个重要的环节，它直接影响到产品的品质。氧化还原作用与葡萄酒的芳香和风味密切相关。在果酒的成熟阶段需进行氧化作用，以促进单宁与花色苷的缩合，使某些不良风味物质氧化，除去易氧化沉淀的物质。而在酒的老化阶段，则希望处于还原状态（即无氧条件下），以促进酒的芳香物质产生。氧化还原作用还与酒的破败病有关。葡萄酒暴露在空气中，常会出现混浊、沉淀、褪色等现象。

4. 果酒发酵的微生物

酵母菌是果酒发酵的主要微生物。若霉菌、细菌等微生物参与，酿酒必然失败或造成果酒变劣。所以，果酒酿造过程中，必须防止、抑制霉菌、细菌等有害微生物参与，选用优良酵母菌进行酒精发酵。酵母菌有葡萄酒酵母菌、巴氏酵母、尖端酵母，还有其他微生物，如醋酸菌、乳酸菌等。

二、果酒的种类

果酒种类很多，根据酿造方法和成品特点，一般将果酒分为四类：

(1)发酵果酒　果汁（浆）经酒精发酵酿造而成的果酒，如葡萄酒、苹果酒、柑橘酒等。发酵果酒根据发酵程度分为：全发酵果酒（发酵时果汁中糖分全部发酵，残糖不足1%）、半发酵果酒（果汁中只有部分糖分进行发酵）两类。

(2)蒸馏果酒　果品经酒精发酵后，再通过蒸馏所得到的酒，如白兰地、水果白酒等。

(3)配制果酒　又称露酒，是用白酒或含有酒精的液体浸泡果实或果皮、鲜花的浸提液或用果汁加酒精，添加糖、香精、色素等食品添加剂调配而成的果酒。

(4)起泡果酒　含有二氧化碳的果酒，以葡萄酒为酒基，再经后发酵酿制而成的酒,如香槟酒就是气泡果酒中的珍品。我国生产的小香槟、汽酒都属于起泡果酒。

三、果酒主要病害及防治

果酒病害发生的主要原因是原料霉烂,受微生物侵染,机械设备不卫生,操作技术不合规程,原料杀菌不完全等。果酒病害的检测可采用镜检,即用显微镜检查病源菌。另一种方法是测定果酒中挥发酸的含量。葡萄酒在正常情况下每升含挥发酸(以酒石酸计)0.7～0.9 克,轻微染病的葡萄酒每升含挥发酸 1.0～1.2 克,严重染病葡萄酒每升含挥发酸 1.5～3.0 克。其他果酒也可参考以上指标进行检验。下面是果酒常见的几种病害:

(1)酒花病 酒花病是空气中一大类产膜酵母,在果汁未发酵前或发酵微弱时浸入,在发酵液表面生成一层灰白色或暗黄色的菌丝膜。在贮藏期,果酒装桶不满,酒与空气接触,或酒精浓度低于 14 度,或生水混进果酒中等都极易感染酒花病。酒花菌利用空气中的氧气将果酒中的酒精氧化成水和二氧化碳。所以,果酒罹病后,淡而无味。

$$\text{乙醇}\xrightarrow{\text{酒花菌}}\text{水}+\text{二氧化碳}$$

预防酒花病的办法是在酿造果酒过程中隔绝空气,利用二氧化硫杀菌,在陈酿中添满酒桶,不留空隙,在酒的液面上保持一层高浓度的酒精。如果已经发生酒花病,可将桶内注入同品质的酒,使酒花溢出,或在温度 65℃～70℃杀菌 10 分钟。

(2)醋化酸败病 酸败是果酒普遍存在而具危险的病害。发生酸败是由于好气性的醋酸菌侵染的结果。它在 33℃～35℃繁殖最快,侵染果酒后,最初在果酒液面发生灰白色零星斑点,逐渐扩大而形成微皱的灰色薄膜,以后部分薄膜下沉,形成一种黏性稠糊状物质。罹病的果酒具有酸涩和刺喉味。醋酸菌侵染果酒以后将酒精氧化成醋酸。

$$乙醇 \xrightarrow{醋酸菌} 醋酸+水$$

12 度以下酒可以被完全消耗掉。当醋酸菌把酒精变成醋酸后，又继续将醋酸氧化成水和二氧化碳。

①醋酸菌侵染果酒的方式：原料带来的醋酸菌；酒精发酵中途受阻，醋酸菌趁机而入；发酵液装得太少，与空气接触面加大；果汁杀菌时，二氧化硫的浓度不足；发酵液中游离酸含量太低；后发酵和陈酿期果酒过度蒸发而未及时添桶；工厂中有醋蝇存在等。

②酸败的预防和补救方法。如在前发酵期发现酸败，必须在温度 70℃下杀菌 15 分钟，再加适当的糖浆汁调整，重新加入酒母进行发酵。贮存期随时注意添满酒桶，如果早期发现酸败现象，可加入酒精，提高果酒的酒精浓度，或用酒石酸钾除去产生的醋酸。若醋化太深，只能改作果醋。

(3)变色　果酒变色有两种原因：

①果酒中含铁量较高，即每升果酒含铁量超过 8～10 毫克，铁与单宁反应生成单宁酸铁，果酒变成蓝色，故又称蓝色破坏病。苹果酒、梨酒和葡萄酒常罹此病。防治措施是在酿造果酒过程中，尽量不与铁器接触，另可利用小麦麸皮除铁。选用新鲜而无异味的小麦麸皮，用清水洗净，挤干水分备用。每升果酒加麦麸 1～1.5 克，在常温下浸泡 4 天，过滤即可。在果酒调配前放入小麦麸皮效果较好。

②果酒与空气接触，在氧化酶的作用下，果酒氧化成褐色，称棕色破败病。防治方法是在 65℃～70℃杀菌 10 分钟，破坏氧化作用的进行；进行熏硫处理，以抑制氧化酶的活性；加单宁、维生素 C 等抗氧化剂，以削弱酶的活性。

(4)异味　若果汁中存在着游离硫，可在发酵期被酵母菌还原成硫化氧，或因酵母菌中的蛋白被腐败菌分解，生成硫化氢，给果酒带来臭鸡蛋味。防治方法是熏硫时，注意不要把硫黄落入酒桶中；加强通风，用澄清剂澄清后过滤。

此外，果酒的霉味可用活性炭除去。果酒的苦味可加糖甙酶分解或加有机酸使之沉淀过滤。

第二节　果酒加工实例

一、红葡萄酒加工

(1)工艺流程　原料选择→破碎与去梗→二氧化硫处理→葡萄汁的成分调整→酒精主发酵→分离→后发酵→换桶→苹果酸-乳酸发酵→陈酿→成品调配→过滤→装瓶、杀菌→红葡萄酒

(2)操作技术要点

①原料选择。要求葡萄原料色泽深、风味浓郁、果香典型、糖分含量高(每 100 毫升含 21 克以上)、酸分适中(每 100 毫升含酸 0.6～1.2 克)，完全成熟、糖分、色素积累到最高而酸分适宜时采收。

②破碎与去梗。葡萄破碎时要求只破碎果肉，不伤及果核和果梗。果梗溶解物中含有草味和苦涩味，而果核中含有大量单宁、油脂及糖苷，会影响酒的质量。凡与果肉果汁接触的机械或器皿不能用铜、铁等材料制成，以免铜铁溶入果汁中，使酒发生铜或铁败坏病。

破碎后立即将果浆与果梗分离，破碎可以与去梗同时进行。可采用葡萄破碎去梗送浆联合机进行处理。破碎除梗后，迅速用果浆泵注入发酵罐中。

③二氧化硫处理。二氧化硫在葡萄酒中具有杀菌、澄清、抗氧化、增酸、使色素和单宁物质溶出等作用。二氧化硫用量要适当，不同质量的葡萄原料发酵时二氧化硫用量也有差异。如成熟度中等、含酸量高的正常红葡萄原料，1 升葡萄浆加二氧化硫35～

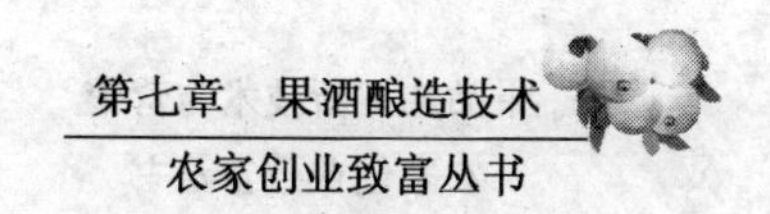

55 毫克；成熟度中等、含酸量低的正常带皮红葡萄浆每升加二氧化硫 55～110 毫克；破损霉变红葡萄原料每升加二氧化硫 90～150 毫克。

成熟度中等正常红葡萄果浆 1000 升（即 1 吨）需加二氧化硫 50～60 克，即 1 吨葡萄浆中需加入 840～1000 毫升的市售亚硫酸液（二氧化硫含量为 6％）。

二氧化硫添加时应在除梗破碎后注入发酵罐后加入，然后用果浆泵循环一次，使二氧化硫混合均匀。

④葡萄汁的成分调整。首先进行糖分调整。一般含糖在每毫升 14～20 克的葡萄汁，能生成 8～11.7 度的酒精，而成品酒的酒精浓度要求 12～13 度，乃至 16～18 度。因此，酿制优质葡萄酒按 1 升果汁中含蔗糖 16 克，可产生酒精 1 度补糖。补糖之前先测定果汁的含糖量，再按照要求加入蔗糖。蔗糖用部分果汁溶解之后兑入，再进行酸分调整。酸在葡萄酒发酵中起重要作用，可抑制细菌繁殖，使红葡萄酒颜色鲜明，酒味清爽、芳香，且使酒具有柔软感，与醇生成酯，增加酒的贮藏性和稳定性。

葡萄汁中的酸分以每毫升 0.8～1.2 克为适宜，此时的酸环境酵母菌最适应，既能赋予成品酒浓厚的风味，又能增进酒的色泽。如酸分不足，可以添加酸度高的同类果汁，也可以用酒石酸对葡萄汁直接增酸，但最多用量为 1.5 克/升。

⑤酒精主发酵。直接加入活性干酵母，具体方法是用 1400 克温水加入 600 克葡萄汁，混合均匀后再加入 200 克活性干酵母，水温保持 30℃～35℃，放置 20～30 分钟，再加入到 1000 升（1 吨）葡萄汁中。酿造红葡萄酒加入酵母的时间是于葡萄果汁添加二氧化硫 4～8 小时后，发酵温度控制在 24℃～35℃。若温度低于 15℃就要加温，高于 30℃时就要降温。加温方法是在发酵桶（池）中安装蛇形管，管中通以蒸汽或热水；降温方法是给桶（池）中的蛇形管通入冷水降温。酵母菌繁殖需要一定的空气，果汁在发酵

初期应该让酵母菌尽快繁殖，才能有效地抑制杂菌的生长。若发酵期间发现气泡减少，而残留的糖分还比较多，如果温度适宜，就可能是氧气不足，需通入过滤空气。

发酵期长短因温度而异，一般温度为25℃需5～7天，为20℃需2周时间，发酵过程中要经常检查发酵液的温度、糖、酸及酒精含量。

⑥分离、后发酵、换桶。主发酵结束后，应及时将酒液与沉淀残渣分离。分离时先不加压，将能流出的酒自行流出，称自流酒。待二氧化碳逸出后，再取出酒渣压出残酒，这部分酒称压榨酒。压榨酒占20%左右，最初的压榨酒（占2/3）可与自流酒混合，但最后压出的酒需通过下胶、过滤等净化处理后单独陈酿，或经蒸馏作为蒸馏酒精。压榨的残渣还可用作蒸馏酒或果醋。

由于分离压榨使酒中混入了空气，使休眠酵母菌复苏，进行再次发酵将残糖发酵完，称为后发酵。后发酵宜在20℃左右的温度下进行，时间2～3周，糖分降到0.1%左右时，后发酵结束。此时，可将发酵栓取下，用同类酒添满，加盖严密封口。待酵母、皮渣全部下沉时，换桶、分离沉淀，以免沉淀与酒接触时间过长影响酒质。

⑦苹果酸-乳酸发酵。苹果酸-乳酸发酵是葡萄酒酿造的一个重要环节。苹果酸-乳酸发酵的基本原理就是在乳酸菌的作用下，将苹果酸分解为乳酸和二氧化碳的过程。经苹果酸-乳酸发酵后，葡萄酒酸度降低，风味改进。苹果酸-乳酸发酵温度控制在18℃～20℃之间，发酵时间为一个月左右。在大规模生产中，大多厂家是根据工艺要求购买商品乳酸菌加入葡萄酒中。苹果酸-乳酸发酵结束后，应及时分离转罐并添加二氧化硫除去乳酸菌，以免影响品质。二氧化硫添加量为20～50毫克/升。

⑧陈酿。葡萄酒在大容器中陈酿可使酒质有很大的改善，可以去除发酵时产生的二氧化碳气体、减轻酵母对口味和外观的影响，去除葡萄酒的生涩味，保持葡萄品种香气和风味，使酒质清晰

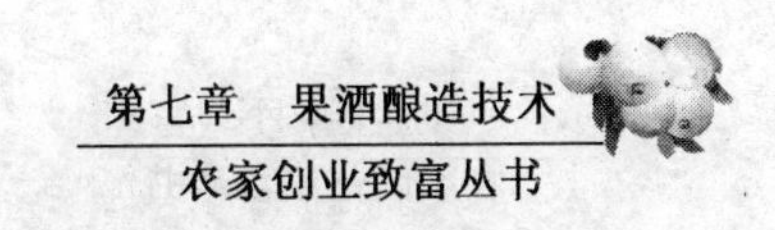

透明。可依据品种不同，来决定贮藏陈酿时间的长短。目前，比较常用的是橡木桶陈酿，采用这种工艺可以萃取橡木中香味物质，使葡萄酒颜色从紫红色逐渐变成宝石红色，使葡萄酒气味更为醇和芳香。葡萄酒的陈酿可分添桶、换桶、下胶澄清和葡萄酒冷处理几个步骤。

贮存期因酒液蒸发损失、二氧化碳的释放等原因造成贮酒容器中液面下降，形成的空隙有利于好气性细菌的繁殖，造成果酒病害，必须用同批葡萄酒将桶添满。

因为酒脚中含有酒石酸盐和各种微生物，与酒长期接触会影响酒的质量；为使贮酒桶内已经澄清的葡萄酒与酒脚分开，同时借助换桶的机会放出酒中的二氧化碳，溶进部分氧气加速酒的成熟。

换桶的时间及次数因酒质不同而异，品质差的酒宜提早换桶并增加换桶次数。一般在当年 11～12 月份换第一次，第二次应在翌年 2～3 月份进行，第三次在翌年 11 月份进行，以后每年或两年换一次。换桶应选择天气晴朗、干燥，即气压高的时候进行。第一次换桶宜在空气中进行，第二次起应隔绝空气进行。

葡萄酒经长时间贮存与多次换桶，一般均能达到澄清透明，若仍达不到要求，就要下胶处理。下胶前要先做试验，选择最佳下胶量。在下胶过程中，必须在最短时间内使下胶材料与葡萄酒快速混合均匀，绝对不能用葡萄酒去稀释下胶材料。每吨葡萄酒要用 2.5 升左右的水稀释下胶材料。

葡萄酒冷处理是提高葡萄酒稳定性的重要环节，可使色素胶体沉淀，促进铁、磷酸盐、单宁酸盐、蛋白质及胶体物质凝结，还可使酒石析出结晶，经过滤可除去酒中的沉淀物，大大提高葡萄酒的稳定性。处理温度以高于酒的冰点 0.5℃为宜，处理时间一般为 4～5 天，最多 8 天。

⑨成品调配。葡萄酒经陈酿逐渐趋向老熟，酒味变醇香，可

以对原酒的酒度、糖分、酸度进行调配。原酒的酒精度若低于产品标准，可用同品种酒度高的进行调配，也可用同品种葡萄蒸馏酒或精制酒精进行调配。若糖分不足，用同品种的浓缩果汁为好，也可用白砂糖调配。酸分不足，可加柠檬酸，1克柠檬酸相当于0.935克酒石酸；若酸分过高，可用中性酒石酸钾中和。葡萄酒调配后必须经半年贮存，使酒味协调。

⑩装瓶、杀菌。葡萄酒在装瓶前要进行一次精过滤，目的是避免瓶内沉淀、浑浊和微生物病害，选用薄板过滤或微孔薄膜过滤。空瓶用2%～4%的碱液、在30℃～50℃的温度下浸洗去污，再用清水冲洗，然后用2%的亚硫酸液冲洗消毒。红葡萄酒瓶应选用棕色或绿色的为好，优质葡萄酒采用软木塞封口，软木塞应与瓶子口径匹配。装瓶密封后，在60℃～75℃温度下杀菌10～15分钟。装瓶杀菌后，葡萄酒再经过一次光检，合格后即可贴标、装箱、入库。软木塞封口的酒瓶应倒置或卧放。

二、苹果酒加工

(1)工艺流程 原料选择→清洗→破碎→果胶酶处理→过滤→糖酸调整→接种发酵→陈酿→过滤→调配→灌装→杀菌→成品

(2)操作技术要点

①原料选择。选择糖酸含量高、香气浓、肉质紧密、出汁率高的品种做原料，剔除腐烂、虫蛀果。然后用清水将苹果洗净，除去果实表面的污物和杂质。用1%稀盐酸浸洗，可以较好地清除果实表面的农药。用单道打浆机对苹果进行破碎处理，果实破碎不宜太细，否则榨汁困难，而且不容易澄清。破碎时不要伤及果核，破碎块的直径以0.15～0.2厘米为宜。打浆时加入0.2%异维生素C进行护色。

②果胶酶处理、过滤、糖酸调整。将破碎后的苹果浆静置8～

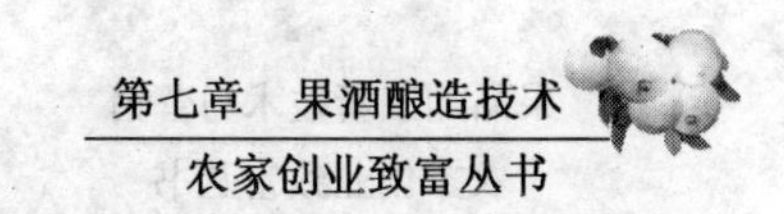

12 小时，使果皮内的芳香物质溶解于果汁中，然后进行压榨取汁。榨汁时压力为2.5～2.8 兆帕。要避免果核破碎。刚榨出的果汁很浑浊，需添加适当果胶酶，将浆液加热至 50℃，加入 0.03%果胶酶，保温 1 小时后过滤。过滤后，将沉渣清除。之后，将过滤液中加入浓度为 80～100 毫克/升的二氧化硫，注入发酵罐中。最后调整果汁糖酸比。一般糖的含量为 10%～14%，酸度为 0.38%～0.63%。

③接种发酵、后发酵。即酵母活化。将调整好的果汁装满池罐容量的 90%后，加入 0.3%～0.5%的果酒发酵用活性干酵母，混合均匀。然后采用低温发酵，发酵初期温度调至 25℃～28℃，发酵正常后温度控制在 18℃～25℃。当汁液中含糖量降至 0.7%～0.8%时，加入蔗糖，反复 2～3 次，最后含糖量降至 0.5%以下，酒精达 10 度以上发酵结束。将汁液注入贮桶中进行后发酵。后发酵温度控制在 16℃～22℃，持续 20～30 天。后发酵结束，加入二氧化硫，以防止果酒氧化，保持果酒中二氧化硫 30～40 毫克/升。

④陈酿、过滤。后发酵结束，将酒输入贮酒桶中陈酿。贮酒桶尽量满罐，以减少氧化。新酒入桶 15 天内将酒度调到 18～20 度，含酸量调到 0.4%～0.5%。苹果酒一般陈酿半年时间即可成熟，也可延长陈酿期。陈酿期间每年要换桶三次，并防止与空气接触，应使酒桶装满。为避免杂菌浸染，陈酿期间温度不能超过 20℃。将皂土逐渐加入 10～12 倍温度为 50℃左右的热水中并不断搅拌，使其呈乳状，静置 12～24 小时，待膨胀后加入调配好的苹果酒中并充分搅匀，静置 10～14 天后，进行过滤分离。皂土带负电荷，能使酒液中带正电荷的蛋白质相互吸引，形成絮状沉淀，并在下沉过程中将苹果酒中悬浮的细小颗粒沉淀下来，使酒澄清。再将分离得到的苹果酒放在温度为－5.5℃～－4.5℃的条件下保存 7 天，使苹果酒中低温不溶物质析出，并趁冷进行

过滤。这样可以提高苹果酒的稳定性。

⑤调配、灌装、杀菌。根据产品要求对原酒的酒精度、糖度、酸度和香气等进行适当调整，达到产品质量要求。调配后，再经过一段时间的贮藏，使酒味醇和，芳香适口，再行装瓶。装瓶后进行杀菌。

(3)质量要求 成品苹果酒色泽金黄或浅黄，外观澄清透明，无悬浮物；具有清晰、幽雅、协调的苹果香与酒香。干型含糖量为:4 克/升(以葡萄糖计)，半干型含糖量为:4～12 克/升；含酸量(以苹果酸计)为:4.5～4.7 克/升，干浸出物 12 克/升；酒精度 14～16 度。

三、梨酒加工

(1)工艺流程 原料选择→原料处理→发酵→转池→陈酿→澄清→过滤→调配→装瓶、杀菌→成品

(2)操作技术要点

①原料处理。选择充分成熟、新鲜、无腐烂、无病虫害、含糖量高、果汁多的品种做原料。除去杂质后，用清水冲洗干净。用破碎机把梨破碎成直径 1～2 厘米的粒块，装满池罐容积的 80%，加入 100 毫克/升 5% 的人工培养酵母液，待开始发酵后，加 60 克/升的白砂糖。

②发酵、转池。前发酵温度控制在 20℃～24℃，持续 8 天左右，然后进行分离。分离出的果渣及酒脚进行二次发酵，然后进行蒸馏，所得酒精供调配梨酒之用。分离所得原酒进行后发酵，池(桶)要装满，加盖封严，装上发酵栓，温度控制在 15℃～20℃，时间持续 14 天左右，糖分下降到 0.1%左右，后发酵结束。立即换池(桶)，除去沉淀，并添加食用酒精，使酒达到 16 度以上，以抑制微生物活动，然后进行陈酿。

③陈酿、澄清。后发酵结束后，将原酒贮于密闭的酒桶中进

行陈酿。陈酿场所要求温度在10℃～25℃，相对湿度为85%左右，通风良好，保持清洁卫生。为及时除去果酒中的沉渣，需进行四次换桶（第一次换桶在当年冬季，第二、三、四次换桶分别在次年春季、夏季、秋季），经过四次换桶就可以出厂了。换桶用泵抽或虹吸方法，尽量减少果酒与空气接触，避免造成酸败。果酒在陈酿过程中，可以自然澄清，也可采用下胶澄清。下胶时，要先将明胶用冷水泡一天，使之膨胀并除去杂质，然后放入10～12倍的热水中充分溶解，再根据所确定的用量，缓缓加入梨酒中，快速搅匀。下胶温度控制在8℃～15℃。明胶用量每升120～150毫克，静置两周后分离。

④过滤、调配。将下胶后的梨酒再降至温度－4℃，时间为5昼夜，趁低温进行过滤。然后按照产品要求对果酒的糖分、酒度、酸分进行调配，使之达到最佳饮用效果。调配后，还需经过一段时间贮藏，使酒味醇和。

⑤装瓶、杀菌。瓶与瓶盖要经沸水消毒。将调配好的酒装瓶后，加盖密封，然后在70℃～72℃的热水中加热杀菌20分钟。

(3)质量要求　成品梨酒酒液微黄色，清亮透明，无悬浮沉淀物，具梨的特有香味，酒精度为16度，含糖量以葡萄糖计为150克/升，含酸量以柠檬酸计为5～6克/升，挥发酸以醋酸计为0.7克/升。

四、干红山楂酒加工

(1)工艺流程　原料处理→加果胶酶→发酵→分离→转池→充硫→陈酿→调配→下胶→过滤→冷冻、过滤→灌装、杀菌→成品

(2)操作技术要点

①原料处理。选择新鲜、色红、无病虫害、无腐烂的山楂为制酒原料。为更好地方便洗涤，先用清水浸泡选好的山楂3～5分钟，然后再放入水槽中用流动水清洗，洗去表面杂质、泥沙，降低原料的带菌量。洗涤好的山楂用破碎机破碎。破碎时，不要压破果

核，以防止果核中不良物质进入山楂果汁中，同时也便于将核与果肉分离。压碎的山楂肉中加入4%脱臭酒精，用软化水浸泡并加入80毫克/升的二氧化硫，以抑制有害杂菌生成。二氧化硫的添加量是影响酒质的关键因素之一，二氧化硫浓度过高，酵母菌的生长繁殖和酒精发酵就会受到抑制，影响产酒和降糖效果；二氧化硫浓度太低，酒风味和口感欠佳，且杀菌效果也不好。因此，选择适宜的二氧化硫浓度十分重要。

②加果胶酶。用4～5倍量温水稀释果胶酶40～60毫克/升，加入山楂液中，搅拌均匀，保持24小时。果胶酶可将果肉中的果胶物质分解成水溶性果胶或小分子的半乳糖醛酸，提高出汁率，同时，也可使不稳定的大分子物质和颗粒更快地沉淀下来，有利于澄清。

③发酵、分离。测定山楂混合液中的含糖量。根据17.5克/升的糖可生成1酒精度的比例，对照成品干型山楂酒酒精度的要求，加入所需白糖的一半和6%的人工培养酵母液，在25℃～28℃温度下进行主发酵。发酵至糖度降至5%～7%时，再加入剩余一半的糖。

发酵温度过低或过高都会影响酒的质量。高温发酵虽然发酵周期短，但产酒量低，原酒口味粗糙、苦涩、质量较差；低温发酵生产周期过长，一般控制温度25℃进行主发酵，其产酒、发酵周期和酒质都比较理想。山楂酒选用的酵母需耐酸能力强、蔗糖转化酶活性高、抗二氧化硫能力强、对山楂酒质好的酵母。因此，对酵母进行筛选、分离和培养是一项十分重要的工作。当发酵醪经过1周左右时间，相对密度降至1.015～1.025之间时，主发酵结束，将山楂原酒放出，送往密闭的不锈钢发酵池继续进行没有皮渣的后发酵，温度控制在16℃～20℃。经25～30天的后发酵，干红山楂原酒含糖量降至3毫克/升以下，后发酵结束，转池分离。

④转池、充硫、陈酿。原酒经过一段时间贮藏陈酿，要及时换

池，将酒液与酒脚分开。山楂原酒含酸量一般为 8.0～11.0 毫克/升，而成品酒的含酸量则以 5.0～6.0 毫克/升为佳。因此，要将原酒降酸，可用碳酸钙等钙盐使柠檬酸生成柠檬酸钙沉淀，经过滤除去沉淀，从而降低原酒的酸度。经过主发酵、后发酵等工序，原酒中的二氧化硫逐渐减少。为了保持酒质，防止杂菌的侵染，转池后应及时添加二氧化硫，然后继续贮藏陈酿。酒池要定时补充同类的原酒，避免酒池因贮藏过程中的蒸发形成空隙。

⑤调配、下胶、过滤。测定原酒中酒度、糖分、酸度，按山楂酒的标准进行调配。为缩短生产周期，在原酒中添加一定量明胶，以促进酒液澄清。先将明胶用冷水浸泡一天，使其膨胀并除去杂质，用 10～12 倍温度为 50℃热水溶解，再根据所确定的用量缓缓加入干红山楂原酒中，搅拌均匀，下胶温度控制在 15℃～18℃，用量为 100～150 毫克/升，隔氧一周后分离过滤。将原酒速冻至－4℃以加速沉淀析出，然后保温 5 天时间，趁冷过滤。

⑥灌装、杀菌。山楂加工成果酒后 10～12 个月可以将干红山楂酒进行灌装、杀菌，通过检验，合格后贴标上市出售。

五、柑橘发酵酒加工

(1)工艺流程　原料选择→清洗→榨汁→发酵液调整→两次发酵→过滤→陈酿→调配、精滤→装瓶、杀菌→成品

(2)操作技术要点

①原料选择。选用充分成熟的甜橙(含脐橙)、蜜柑和红橘做原料，也可以利用残次果、落地果做原料，含糖量越高的原料越好。

②清洗、榨汁。用清水将橘果洗干净。然后将橘果放入温度为 95℃～100℃的热水中烫煮 30～60 秒，用手工趁热剥去果皮和橘络、去核，再用螺旋压汁机压榨取汁，使用 0.3 毫米或 0.8 毫米

孔径的筛孔过滤。

③发酵液调整。发酵前，对果汁的酸度和含糖量要进行适当调整，以保证果酒的质量。若果汁酸度太高，可用碳酸钙中和，使其含酸量达0.6%～0.8%。糖分不足时可加砂糖，将含糖量提高到25%。酿制成的酒精度约为13度。

④两次发酵。发酵前，必须做好优质酵母菌的培养、保存和复壮工作，还要做好酒母培养。选用适合自己生产规模的发酵罐或发酵缸。将柑橘果汁倒入发酵罐(缸)，倒入量为容器的80%左右，密封。将100千克果汁中加入6%亚硫酸110克，以抑制杂菌，加入后充分搅拌均匀。通入蒸汽加热至85℃～90℃，1～2分钟后，立即冷却至35℃，供接种用。按酵母菌与果汁按1∶18的比例接种。发酵温度控制在20℃～30℃，时间为7～15天。每天应测温三次。主发酵完成后，将新酒通过虹吸管转入另一缸内，使酒液与渣分离，注意操作过程中勿搅动酒脚，以免引起混浊。转缸后要装满酒液，加盖密封。转缸时，因酒液与空气接触，酵母菌得到复苏，使酒液缓慢地进行后发酵，并消耗少量残糖。后发酵期约为1个月。

⑤过滤、陈酿。过滤后，新酒至少要存放6个月，除去发酵过程中产生的少量甘油、琥珀酸、醋酸和杂醇油。陈酿可增进果酒风味。

⑥调配、精滤。陈酿澄清后，按市场需要进行调配。调配时，首先要测定果酒中酒度、糖分和酸度。调配后，需贮藏一段时间。然后用硅藻土过滤机和石棉过滤机过滤，使酒体更透明清亮。

⑦装瓶、杀菌。玻璃瓶应经过冲洗消毒。装瓶时，应留有适当量的顶部空隙，以免加热后膨胀溢出。装瓶封盖后，在70℃～75℃的热水中杀菌20分钟，然后分段冷却。冷却后，检验合格即可贴商标，装箱入库。

(3)质量要求 成品柑橘发酵酒酒液色泽金黄色，澄清透明，

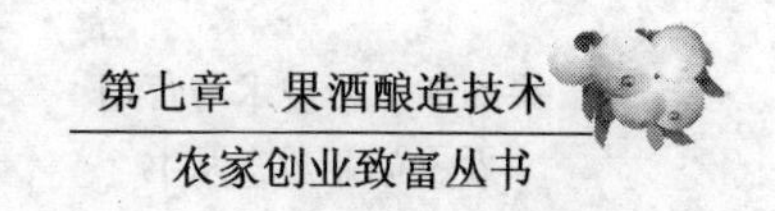

具有柑橘原有的香气，酒精度在12～15度，含糖量（以蔗糖计）为5～25克/100毫升，含酸量为（以柠檬酸计）0.3～0.7克/100毫升，挥发酸（以醋酸计）<0.08克/100毫升。

六、蜜桃果酒加工

(1)工艺流程　原料处理→榨汁、澄清→调整→两次发酵→调配、精过滤→装瓶、杀菌→成品

(2)操作技术要点

①原料处理。原料选择完全成熟、含糖分和果汁多的果实做原料。剔除病虫害、腐烂变质，未成熟的果实。用清水洗涤并沥干水分，用手工切分去核，然后加适量水（为总重量的20%～30%），加热至75℃，加热时间为20分钟。

②榨汁、澄清。在每千克桃果原料中加入50毫升二氧化硫、100毫克果胶酶，搅拌均匀后静置2～4小时，然后进行榨汁。之后，再在每千克果汁中加入15～20毫克果胶酶，在30℃～40℃温度下保持2～3小时，分离除去沉淀，得到澄清果汁。

③调整。在酒精发酵前，要对果汁的糖分进行调整，一般桃含糖量为每百毫升11～14克，经发酵只能生成6～8度的酒。而成品酒的酒精度要求12～13度。根据生成1酒精度需1.7克糖的标准，计算出所需加糖量，加入果汁中。

④两次发酵。果汁调整完毕，接入人工培养的纯种酵母液，进行前发酵，温度控制在20℃～30℃，每天测温三次，逐桶记载，温度低于15℃就要加热，高于30℃就要降温。主发酵经1周发酵结束后，立即换桶将酒和沉渣分离，在15℃～18℃的温度下，缓慢地进行后发酵，使新酒中残糖进一步发酵为酒精。当发酵液比重下降至0.993左右时后发酵结束。

⑤调配、精过滤。后发酵结束后，应对制品进行初步尝评和化学成分的分析，然后根据果酒的指标进行调配。如原酒的酒精浓度

达不到要求,可利用同类高度果酒勾兑,或添加果实蒸馏酒。糖分调配时,可用同品种浓缩果汁调配。调配后进行精过滤。调配后的果酒必须经过一段时间的贮藏,使酒味醇和,芳香适口,再行装瓶。

⑥装瓶、杀菌。果酒装瓶留有适当空隙,装瓶后用封口机密封,在热水中加热杀菌。杀菌温度在75℃左右,保持15分钟。

(3)质量要求 成品蜜桃果酒酒液微黄色,澄清透明,无悬浮物,无沉淀物,具有典型的桃果香和酒香,滋味纯正柔和,酸甜适中,无异杂味。蜜桃果酒酒精度为12～13度,含糖量5克/升,含酸量为6～8克/升,挥发酸低于1克/升,维生素C含量高于10毫克/100克。

七、香蕉酒加工

(1)工艺流程 原料处理→酶解→取汁→发酵→加酶澄清→调配→装瓶、杀菌→成品

(2)操作技术要点

①原料处理。选择饱满度高、果皮已经转黄、果肉转软、甜度高、但不能过熟或变质的香蕉做原料。经过去皮,用绞肉机迅速将果肉绞碎为2毫米大小的碎粒,再在绞碎的香蕉肉中加入50%的水、0.1%的异维生素C、0.1%的柠檬酸、3.2%的果胶酶,均匀混合。

②酶解、发酵。将果汁在45℃下保温5小时行进酶解,使果肉中果胶物质分解成水溶性的果胶,提高出汁率。分次取表面液汁,余下的压榨取汁。然后按香蕉汁的量加入25%的经巴氏杀菌且浓度为50%的蜜糖液,再种入5%的果酒发酵用活性干酵母,调含糖量至26%,调含酸量至0.3%。在15℃～20℃保温50天,让酵母进行发酵。

③加酶、澄清、调整。用虹吸法将酒液上部清液分次提取出来,按香蕉酒重量加入1%的果胶酶液,搅匀,静置1个月后过滤

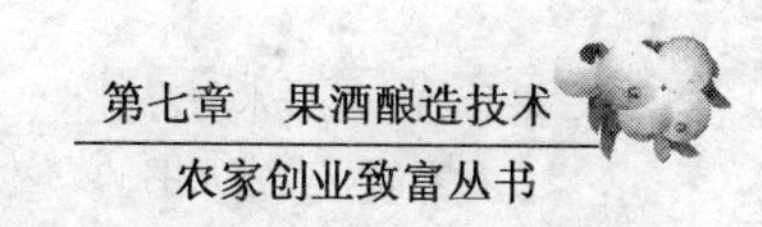

出清液。然后根据产品要求对原酒的酒精度、糖度、酸度和香气等进行适当调整，以达到产品质量要求。

④装瓶、杀菌。将调配后的香蕉酒装罐和杀菌。

(3)质量标准　香蕉酒乙醇含量为16%左右，糖含量为12%，酸含量为0.3%～0.5%，总酯含量为0.4%以上，甲醇含量为0.005%以下，有香蕉香味。

八、枇杷酒加工

(1)工艺流程　原料处理（清洗、去皮、去核、破碎）→前发酵→后发酵→调整酒精度→装瓶杀菌→成品

(2)操作技术要点

①原料处理。选用成熟度高的新鲜枇杷果实为原料，剔除病虫害和腐烂的果实。用清水洗涤枇杷果，手工去皮去核，用破碎机打成浆。

②两次发酵。向果浆中加入5%的酵母糖液，其中含糖量为8.5%，搅拌均匀。如原料含糖偏低，可根据产品所需酒精度，适当添加砂糖。温度控制在22℃～25℃，时间为5～6天。在果浆发酵后，残糖降至1%时，压榨过滤使汁液分离出来。将分离出的汁液保持20℃进行后发酵。如果原酒中酒精浓度不够，可以适量补充糖分，以提高酒精浓度。糖分下降到0.1%左右，后发酵结束，再进行第二次分离，除去沉淀。

③调整酒精度。用浓度为90%以上的食用酒精将后发酵分离得到的枇杷酒酒精度调至16～18度。

④装瓶、杀菌。瓶和瓶盖要经沸水消毒。将调配好的酒装瓶后，加盖密封，然后在70℃～72℃的热水中加热杀菌20分钟，取出冷却，贮存。

九、猕猴桃酒加工

(1)工艺流程　原料处理→酶处理→接种→两次发酵→调配

酒精度→陈酿→装瓶、杀菌→成品

(2)操作技术要点

①原料处理。选用成熟柔软的果实为原料，剔除病虫害、腐烂变质及生硬果。将果实投入清水中充分淘洗，除去污物和杂质，沥干水分，用破碎机将果实破碎为浆状或粥状。破碎时加入适量的水。

②酶处理、接种。原料打浆后按每千克原料加入 90 毫克的果胶酶进行处理，以降低果胶含量和果肉黏度，利于出汁。在16℃～17℃的温度下处理 4 小时，然后挤汁过滤。将果汁加热至45℃时，每千克果汁加入 18 毫克的果胶酶进行第二次处理，室温下放置 4 小时，进一步降低果胶含量。为保证果胶酶的正常活性，二氧化硫分两次添加，第一次为 50 毫克/千克、第二次40 毫克/千克，分别在打浆后和第二次酶处理后加入。

活性干酵母先用温水溶化，然后放入经巴氏杀菌处理的猕猴桃汁中扩大培养，接种量为3％。

③两次发酵。在温度为 14.5℃～15.5℃条件下进行低温发酵。发酵期间，每天按时搅拌一次，并测定发酵液可溶性固形物含量、温度、酒度、含酸量等指标，以监控发酵情况。在发酵开始后第五天补加糖分，然后继续发酵至结束。前发酵结束后，迅速将新酒分离出来，除去沉淀残渣。分离出来的酒液含有一定的残糖，需进一步后发酵，将残糖(还原糖)降到 2 克/升(以葡萄糖计)以下。后发酵要求在密闭的容器内，原酒要适当装满，以防病菌繁殖，温度控制在 20℃以下。发酵结束后用同类酒灌满桶，并进行澄清。

④调配酒精度。经澄清后的猕猴桃原酒酸度高，无法直接饮用，应按质量要求调整好糖度、酒精度和酸度。可以用 90％以上的食用酒精调整酒精度达到 16～18 度，用白砂糖调整糖度，用化学降酸和稀释相结合的方法降低酸度。

⑤陈酿。经调配的猕猴桃酒需经过一定时间的贮藏，使其风味纯正，口感圆润。一般陈酿贮存两年时间，贮藏温度控制在15℃～18℃。陈酿时，必须注意添桶、换桶和防止酒花病和酸败病的发生。

(3)质量要求　成品猕猴桃酒酒色呈金黄色，透亮，具猕猴桃特有的芳香和陈酒醇香，酒精度为16～18度，含糖量为12%，含酸量为0.6%。

十、草莓发酵酒加工

(1)工艺流程　原料处理→两次发酵→调配→过滤→装瓶、杀菌→冷却→成品

(2)操作技术要点

①原料处理。选用成熟度高、色泽深红、含酸量高、可溶性固形物含量高、新鲜的草莓果为原料，剔除虫咬、腐烂、生硬的僵果。用清水冲洗，除去污泥、杂质。然后用破碎机进行破碎，破碎时，添加0.07%～0.08%的二氧化硫。其后加入果浆重量5%～6%的白砂糖，使果浆糖度达12%以上。

②两次发酵。在果浆中加入果浆量5%～6%的酒母。使其发酵温度控制在22℃～26℃，时间为3～5天。然后，当发酵后酒精度达到7度、残糖量降到3%～5%时进行过滤，使新酒与酒渣分离。在要分离的新酒中加入5%～7%的糖，同时加入95%的酒精将酒精度调整到10度后进行后发酵。后发酵温度控制在18℃～22℃，时间为25～30天。当酒精度达到13.5～14.5度、残糖量达0.5%以下时，后发酵结束，即可进行贮藏。

③调配、过滤。贮藏一定时间后，对糖度、酒度进行调配，使糖度达15%～18%，酒精度为16度。然后，将调配的果酒进行过滤，按100千克果酒加入4～5个鸡蛋清、盐20克计算，分别加入蛋清和盐。将果酒于1℃的条件下置放15天时间，其后进行一次

精过滤。

④装瓶、杀菌、冷却。过滤的果酒装入已清洗消毒的瓶中，注意要留适当空隙，采用巴氏杀菌法在温度为70℃下进行杀菌20分钟。杀菌后，分段冷却至38℃。

(3)质量要求 草莓酒呈檀香色或宝石红色，澄清透明，无悬浮物，具有浓郁酒香和果香，甜酸可口，醇厚和谐，酒精含量为16度左右，糖含量为14%～15%，酸含量为0.3%。

十一、杨梅酒加工

(1)工艺流程 原料选择→清洗→绞汁→加热→发酵→调配→贮藏→装瓶→杀菌→成品

(2)操作技术要点

①原料选择、清洗。选用汁多核小、新鲜成熟的杨梅为原料。用流动清水漂洗杨梅果实14～15分钟，除去果梗、枝叶等杂质，剔除腐烂及病虫果。

②绞汁、加热。将杨梅放置在桶内或缸内捣烂，然后用干净纱布绞汁、过滤。杨梅果出汁率为70%左右。将果汁倒入铝锅内，加热温度控制在70℃～75℃，经15分钟即可使蛋白质及其他杂质凝固析出。因杨梅汁酸度高，不能用铁锅。

③发酵、调配。果汁冷却后，用虹吸管吸取上部澄清液，转入发酵缸内。每100千克果汁加酒曲2～3千克，拌匀后盖好缸盖，保持室温25℃～28℃。3～4天后，酒精度可达5～6度。全部发酵用具使用前均要熏硫消毒，然后将发酵好的酒用虹吸管吸入另一只缸或桶中，用白酒调整酒精度，使其达到20度，再加入10%～12%的蔗糖，搅匀后盖好。

④贮藏。温度在10℃～15℃贮藏两个月，中间换桶一次。

⑤装瓶、杀菌。把酒用纱布过滤后，装入瓶中。将酒瓶放入70℃以上的热水中消毒10分钟。经检验合格即可贴商标，上市。

第八章 果品加工产品的质量安全和营销

第一节 果品加工产品质量安全

一、建立无公害果品原料基地

1. 无公害水果生产基地的选择

无公害水果生产基地的选择，应根据多方面的因素进行综合考虑，主要有以下几个方面：

(1)应遵循果树生长的一般性原则 因为不同品种果树各有其不同的生物特性，首先应深入研究和了解果树生长适宜的条件及造成果品生产污染的途径和现状，以科学的态度，采用科学的手段，趋利避害，才能生产出安全、优质的水果。

(2)大气环境标准 大气污染物主要有二氧化硫、氧化物、臭氧、氮化物、氯气、碳氢化合物以及粉尘、烟尘和烟雾等。这些污染物对果树危害严重，妨碍果树的光合作用，破坏叶绿素，使叶片、花朵和果实中毒。人们食用后，也会引起急、慢性中毒。无公害水果生产基地的大气质量要求要达到国家制定的大气环境质量标准 GB 3095—1996。

(3)土壤环境质量标准 无公害果品生产基地对土壤污染物的限量要求见表 8-1。

(4)果园灌溉用水质量标准 果园的灌溉用水要求清洁无毒。具体标准参照国家制定的农田灌溉用水标准 GB 5084—1992。

表 8-1　无公害果品生产基地对土壤污染物的限量要求

（单位:毫克/千克）

pH 值	<6.5	6.5～7.5	>7.5	pH 值	<6.5	6.5～7.5	>7.5
总镉	≤0.30	≤0.30	≤0.6	总铬	≤150	≤200	≤7.5
总汞	≤0.30	≤0.50	≤1.0	六六六	≤0.5	≤0.5	≤0.5
总砷	≤40	≤30	≤25	滴滴涕	≤0.5	≤0.5	≤0.5
总铅	≤250	≤300	≤350				

(5)无公害果品生产基地的调查　首先必须从调查入手，经过调查获得所需的数据和信息，用综合指数对基地环境质量状况进行综合评定，提出分级标准，确定无公害果品生产基地的各项依据。

2. 无公害水果栽培的主要技术措施

无公害水果是指产地环境、生产过程和产品质量符合无公害果品标准和规范的要求，经认证合格获得认证证书，并允许使用无公害农产品标志的、未经加工或初加工的水果产品。无公害水果还包含果品无污染、安全、优质、营养丰富等内容。

(1)高标准建园　在按照无公害水果生产基地的标准选好园址的基础上，必须对建园进行合理科学的规划，修筑必需的道路、排灌渠、蓄水塘、附属建筑等设施。为使果园免遭风害，在建园植树之前要营造防护林。栽植畦的方向应根据地形和水果的特性进行开垦，要挖宽畦、深畦。要根据果园所在地的自然、地理、气候特点，选择适宜的品种栽植，要做到良种壮苗，挖大穴，施足基肥，合理栽植。

(2)搞好土、肥、水管理　土、肥、水管理是栽培无公害水果的重点，必须十分重视。

①土壤管理。对已种植的苗木，应做好锄草松土工作，严防污染物侵入土中，多向土中施以绿肥、秸秆或腐熟的人畜粪尿、堆肥、厩肥、饼肥等，改良土壤提高肥力，有条件的地方还可以间作

绿肥。定期检测土壤中的元素含量特别是有害物质的含量，及时进行调节。

②合理施肥。为确保无公害水果的质量，应对生产无公害水果的肥料进行质量管理。总的原则是严格控制重金属、有机污染物，以使用符合卫生标准的有机肥料为主，尽可能不施或少施化学合成肥料，以保持和增加土壤肥力，改善土壤结构及生物活性，满足果树生长发育对营养的需求，同时，要避免肥料中的有害物质侵入土壤，从而达到提高果品质量、保护生态环境、实现可持续发展的目的。

③水分管理。要求灌溉水无污染，水质应符合 NY 5016 标准。

(3)搞好病虫害防治　首先应立足于“防”，无公害水果栽培的全过程都应在“防”字上下工夫。从种子、苗木的调运、接穗的选取都应严防检疫性病虫害从疫区传入保护区，一经发现立即销毁。尽量采用农业防治、物理机械防治和生物防治的措施，种植防护林，选用抗病虫品种或砧木。园内间作的作物和草类应与所载种品种无共生性病虫，且生长期不同步。实施翻土、修剪、清洁果园、排水、控梢等农业措施，减少病虫源。加强栽培管理，增强树势，提高树体自身抗病能力。提高采果质量，减少果实伤口，降低果实腐烂率。对农药的使用，应严格执行农业部公告第 194 号文件和无公害水果生产农药使用规定和使用方法。

二、控制加工过程的各个环节

1. 控制加工环节质量安全的关键

(1)果品原料的选择　果品原料是果品加工质量安全的源头，一旦污染原料进入果品加工生产体系中，即使预处理和加工工艺非常规范，最终加工出的产品也很难避免不受污染。

在选择原料时，除考虑原料是否符合加工工艺外，还应注意选用新鲜、无腐烂、无病虫害的果实，并对果品原料的重金属含量、农药残留和致病性微生物进行抽样检验，不合格产品坚决不能进厂。合格原料进厂后，应尽快进入加工链条中，不能及时加工的原料要进行贮藏，防止果品原料变质败坏。

(2)预处理中原料清洗 重金属和农药残留符合原料标准后，致病性微生物是引起果品加工产品微生物污染的关键。对轻微污染微生物的果品原料，可以进行果品加工，但在预处理的洗涤工序中应严格清洗，清除附在果面上的病虫卵等，禁止洗涤不彻底的原料进入下一道工序。如果果品表面有农药残留，必须用0.1%稀盐酸溶液浸泡5～6分钟，然后再用清水冲洗干净。

(3)生产车间、生产人员、设备、工具和容器清洁卫生 果品加工的卫生问题贯穿生产的始终，每一个生产环节都不可忽视，如工厂车间的卫生、设备工具的卫生、原辅材料及包装材料的卫生、水质的卫生、生产人员的卫生及操作过程的卫生等。如果稍有疏忽，都会影响果品加工产品的卫生质量。

①车间卫生。要经常对车间进行冲洗、消毒，车间内要安装通风排气设备及排放污水和废弃物的明沟。车间内应具备防蝇、防尘、防腐、防鼠等设施。

②设备卫生。直接接触果品原料的机械、设备、用具、工作台等在生产期间应经常进行清洗、消毒、灭菌，保持清洁卫生。与食品直接接触的机器零部件，必须使用耐腐蚀的金属制品，最好选用不锈钢制成。避免使用铜铁金属以及含有较多铅、锑、镉的合金制品。

③食品从业人员的卫生。加强食品从业人员的个人卫生管理，是保证食品卫生安全的重要环节。食品从业人员要每年进行一次健康检查，领取健康合格证才能上岗工作。食品从业人员个人卫生要做到勤洗手、剪指甲，勤洗澡、理发、勤洗衣服、勤换工作服，严格遵守出入车间的卫生管理制度。

(4)罐装容器的选择 罐藏容器对罐头食品的长期保存起着

重要作用，罐头食品容器的材料要求无毒、耐腐蚀、能密封、耐高温高压，与食品不起化学反应、质量轻、价廉易得、能耐机械化操作等。目前普遍使用的罐藏容器是马口铁罐和玻璃罐。马口铁空罐应无任何机械伤，罐底与罐身间不能有缝隙。若马口铁罐内壁有机械伤，易与内容物发生化学反应，产生气体而出现胖听罐头。

(5)杀菌和封罐　封罐是罐藏技术的关键工序。封罐时间要短，同时要保证封罐质量，要严密不留空隙。若空气进入罐内，很快就会造成罐头制品的败坏。

封罐后立即进行杀菌，应使用科学合理的杀菌公式进行彻底杀菌，对杀菌不彻底的产品应重新杀菌，防止杀菌不足引起微生物繁衍造成胖听现象，以及杀菌过度引起的汁液混浊现象的发生。杀菌后应迅速冷却，避免成品继续受热而引起内容物色、香、味、形的改变，以及嗜热性芽孢的生长发育。

(6)控制干制品的含水量、糖制品的含糖量　糖制品由于吸糖不足、含水量高，会受霉菌污染而霉变。一般情况下，糖制品控制含水量为18%～20%，含糖总量达68%以上，其溶液有较高的渗透压。1%的蔗糖具有0.7个大气压的渗透压。糖制品含糖量在60%～65%，可产生42～46个大气压的渗透压。这样的渗透压可有效抑制微生物的繁殖。另外，还需配备良好的包装，防止糖吸潮，渗透压降低，而使微生物再次浸染。

干制品含水量高，容易受微生物的浸染而发霉腐败变质。水分是微生物生存不可缺少的条件，所以，要防止干制果品变质和腐败，控制干制果品的水分含量是关键。一般干制果品含水量控制为15%～20%。

2. 果品加工产品安全质量检验

果品加工产品质量安全关系到广大消费者的生命健康，因此，其安全质量检验应引起生产者的重视。产品安全质量的检验主要依据国家规定的该产品所必须具备的质量指标、卫生指标等。

(1)感官检验 感官检验主要借助检验人员的感觉器官，而不用仪器和化学药品进行检验，即外观、色泽靠眼睛看，气味靠鼻子闻，滋味靠品尝来确定。

①果品干制品。外观要整齐、均匀、无碎屑，色泽应与原有果品色泽相近，且具有原有果品气味和滋味，无异味。

②蜜饯。具有该品种正常的色泽、气味和滋味，无异味、无霉变、无杂质。

③罐藏食品。外观无泄漏、无胖听现象，罐藏容器密封完好；应具有果品应有的色泽、滋味和气味，无异味；具有果品应有的组织形态；不允许任何外来的杂质存在。

④果酱。容器密封完好，无胖听、渗漏现象。具原料本身的正常色泽，均匀一致，以及本品种特有的风味和滋味，酸甜适中，无焦味和其他异味，组织形态为黏稠状，不分泌汁液，无糖析出。

⑤果汁。具有原料水果的色泽、香气和滋味，无异味，无肉眼可见的外来杂质。

(2)理化检验、微生物检验 需从每批次或每批次杀菌锅内抽取具有该批次代表性的样品，在化验室进行化学分析和微生物检验。化学检验是根据该制品的理化指标检查制品的组成成分，如水分、干物质、糖、酸、盐、维生素和重金属等含量。微生物检验是根据该制品微生物指标检查制品是否含微生物，能否引起制品败坏变质和有无致病菌。

①干制品理化和微生物检验。先测定干制品含水量，要求干制果品含水量在 15％～20％；重金属含量要求：铅≤1 毫克/千克，铜≤10 毫克/千克，总砷≤0.5 毫克/千克；二氧化硫残留量按 GB 2760 标准执行。

干制品微生物检验不得检出致病菌（沙门氏菌、志贺氏菌、金

黄色葡萄球菌）。出厂产品细菌总数：≤750/克，销售产品细菌总数：≤1000/克；霉菌≤50/克；大肠杆菌≤30/克。

②蜜饯理化和微生物检验与干制品相同。食品添加剂检验要求硫残留量（以二氧化硫计）≤20毫克/千克；苯甲酸钠、山梨酸钾≤50毫克/千克；话梅、话李糖精钠：≤5000毫克/千克，其他≤150毫克/千克；着色剂按GB 2760标准执行。

③罐藏果品理化和微生物检验。用折光仪测定可溶性固形物含量，要达到14%～18%；

重金属含量要求砷≤0.5毫克/千克、铅≤0.2毫克/千克、镉≤0.05毫克/千克、铬≤0.5毫克/千克、汞≤0.01毫克/千克。

微生物检验要求无致病菌，即不允许有肉毒梭状芽孢杆菌、沙门氏杆菌、志贺氏杆菌、致病性葡萄球菌、溶血性链球菌等致病菌存在，无微生物引起的腐败变质。

菌落总数/（Cfu/g）≤1000、大肠菌群/（MPN/100g）≤30、霉菌/（Cfu/g）≤50。

目前，许多罐头厂采用商业无菌检验法，审查生产操作记录，如空罐记录、杀菌记录等。抽样检查，每杀菌锅抽2罐或0.1%。称重保温检查，低酸食品在36℃±2℃下保温10天，酸性食品在30℃±1℃下保温10天。开罐检查，开罐后留样，测pH值、感官检查、涂片，如pH值、感官质量有问题可进行革兰氏染色、镜检，确定是否有微生物明显增殖现象。接种培养，结果判定，如该批罐头经审查生产操作记录，属于正常；抽样保温试验未胖听或泄漏；保温后开罐，经感官检查、pH测定和涂片镜检，或接种培养，确定无微生物增殖现象，则为商业无菌。如该批罐头经审查生产操作记录，未发现问题，抽样保温试验有一罐或一罐以上发现胖听或泄漏，或保温后开罐，经感官检查、pH值测定或涂片镜检和接种培养，确定有微生物增殖现象，则为非商业无菌。具体方法可参阅GB 4789.26—94食品卫生微生物学检验、罐头食品商业无菌检验。

④果酱的理化和微生物检验。要求铅≤1.0 毫克/千克、铜≤5.0 毫克/千克、锡≤200 毫克/千克、锌≤0.5 毫克/千克；食品添加剂按 GB 2760 标准执行。

微生物检验要求：达到商业无菌，无致病菌和微生物引起腐败现象。

⑤果汁的理化和微生物检验。理化检验要求铅≤0.05 毫克/升、铜≤5 毫克/升、锡≤200 毫克/升、锌≤5 毫克/升、砷≤0.2 毫克/升、铁≤15 毫克/升；二氧化硫残留量≤10 毫克/千克、展青霉素[b]≤5 毫克/升。

微生物检验要求菌落总数/(Cfu/ml)≤100、大肠菌群(MPN/100ml)≤30(低温复原果汁)、霉菌(Cfu/ml)≤20、酵母/(Cfu/ml)≤20；不得检出致病菌(沙门氏菌、志贺氏菌、金黄色葡萄球菌)。

三、国内果品卫生安全标准

1. 水果中污染物限量国家标准

按照国家 GB 2762—2005《食品中污染物限量》标准及 GB 18406.2—2001 标准，水果中污染物限量见表 8-2。

表 8-2 水果中污染物限量

污染物	限量(MLS)/(毫克/千克)	污染物	限量(MLS)/(毫克/千克)
铅	≤0.10	硒	≤0.05
镉	≤0.05	氟	≤0.50
砷	≤0.05(无机砷)	稀土	≤0.70
汞	≤0.01	亚硝酸盐	≤4.0
铬	≤0.50	硝酸盐	≤400

2. 水果中农药最大残留限量国家标准

按照国家 GB 2763—2005《食品中农药最大残留限量》标准，

水果中农药最大残留限量见表 8-3：

表 8-3　水果中农药最大残留限量

农种类	最大残留限量/(毫克/千克)	农种类	最大残留限量/(毫克/千克)
乙酰甲胺磷	0.50	草甘膦	0.10
滴滴涕	0.05	六六六	0.05
敌敌畏	0.20	对硫磷	0.01α
杀螟硫磷	0.50	氯菊酯	2.00
甲氰菊酯	5.00	辛硫磷	0.05
倍硫磷	0.05	敌百虫	0.10
氰戊菊酯	0.20		

注：α 代表不得在该类食物中使用此种农药，该数值为检验方法的测定限。

3. 部分果品加工产品国家卫生标准

①按照国家 GB 14884—2003《蜜饯卫生标准》，蜜饯类卫生标准理化指标见表 8-4，微生物指标见表 8-5。

表 8-4　理化指标

项　目	指　标
铅(Pb)(毫克/千克)	≤1
铜(Cu)(毫克/千克)	≤10
总砷(以 As 计)(毫克/千克)	≤0.5
二氧化硫残留量(毫克/千克)	按　GB 2760 执行

表 8-5　微生物指标

项　目	指　标
菌落总数/(cfu/g)	≤1000
大肠菌群/(MPN/100g)	≤30
致病菌(沙门氏菌、志贺氏菌、金黄色葡萄球菌)	不得检出
霉菌(cfu/g)	≤50

注：本标准全文强制。

②按照国家 GB 16325—2005《干果食品卫生标准》，干制果品卫生标准理化指标见表 8-6，微生物指标见表 8-7。

表 8-6 理化指标

项 目	指 标			
	桂 圆	荔 枝	葡萄干	柿 饼
水分/(克/100 克)≤	25	25	20	35
总酸/(克/100 克)≤	1.5	1.5	2.5	6

表 8-7 微生物指标

项 目	指 标	
	葡萄干	柿 饼
致病菌(沙门氏菌、志贺氏菌、黄金色葡萄球菌)	不得检出	不得检出

注：本标准全文强制。

③按照国家 GB 19297—2003《果、蔬汁饮料卫生标准》，果汁饮料卫生标准理化指标见表 8-8、微生物指标见表 8-9。

表 8-8 理化指标

项 目		指 标
总砷(以 As 计)/(毫克/升)	≤	0.2
铅(Pb)/(毫克/升)	≤	0.05
铜(Cu)/(毫克/升)	≤	5
锌(Zn)①/(毫克/升)	≤	5
铁(Fe)①/(毫克/升)	≤	15
锡(Sn)①/(毫克/升)	≤	200
锌、铜、铁总和①/(毫克/升)	≤	20
二氧化硫残留量(SO_2)/(毫克/升)	≤	10
展青霉素②/(微克/升)	≤	50

注：① 仅适用于金属罐装。
② 仅适用于苹果汁、山楂汁。

表 8-9　微生物指标

项　　目		指　标	
		低温复原果汁	其他
菌落总数/(cfu/mL)	≤	500	100
大肠菌群/(MPN/100mL)	≤	30	3
霉菌/(Cfu/mL)	≤	20	20
酵母/(Cfu/mL)	≤	20	20
致病菌(沙门氏菌、志贺氏菌、金黄色葡萄球菌)		不得检出	

注:本标准全文强制。

④按照国家 GB 2758—2005《发酵酒卫生标准》,葡萄酒、果酒卫生标准理化指标见表 8-10、微生物指标见表 8-11。

表 8-10　理化指标

项　　目		指　标
总二氧化硫(SO_2)/(毫克/升)	≤	250
甲醛(毫克/升)	≤	—
铅(Pb)/(毫克/升)	≤	0.2
展青霉素[a]/(微克/升)	≤	50

注:a 仅限于果酒中的苹果酒、山楂酒。

表 8-11　微生物指标

项　　目		指　标
菌落总数/(Cfu/mL)	≤	50
大肠菌群/(MPN/100mL)	≤	3
肠道致病菌(沙门氏菌、志贺氏菌、金黄色葡萄球菌)		不得检出

注:本标准全文强制。

⑤按照国家 GB 11671—2003《果、蔬罐头卫生标准》,水果罐头卫生标准理化指标见表 8-12。微生物指标应符合罐头食品商

业无菌要求，番茄酱罐头霉菌计数小于等于50(%视野)。

表8-12 理化指标

项 目		指 标
锡(Sn)/(毫克/千克)	≤	250
总砷(以As计)/(毫克/千克)	≤	0.5
铅(Pb)/(毫克/千克)	≤	1.0

注：本标准全文强制。

第二节 果类加工产品的营销

一、果品加工产品市场营销方向

1. 专业批发市场

国内大中城市均有水果专业批发市场。一级批发市场(省和中央直辖市)规模较大，设有鲜果贮藏保鲜库。北京市果品批发市场吞吐量最大，是周边津、冀、鲁、豫、辽、内蒙古等水果销售的集散地。深圳市布吉农产品批发中心拥有水果加工企业60家，每日通过香港转口的水果有300多吨，高峰期每日包装出口西瓜、哈密瓜达1000吨，是华南地区最大的水果销售集散中心。二级批发市场(地、市)规模居中，大都为地区范围鲜果和冷藏交易批发，设有干果和果类深加工产品批发部和特约经销商。三级批发市场(县级)多为综合性农副产品批发市场，交易厅内设有鲜干果批发部、经销商。而在特色品种产区集中的县，还设有水果临时交易市场。福建省古田县每年夏季水蜜桃、青柰上市时，县城和乡区就有8个季节性临时水果交易市场。

2. 超市专柜

超市是近代市场经济发展的一种新产物，具有规模大、品种

齐全、价格合理、服务完善的特点，因此，在整个水果销售市场上占据优势，是果品加工产品营销的主要方向。近年来，各大中城市的超市形成集团连锁，直接与产地加工厂建立果品供求关系，签订农产品订购合同，不经任何中间经销商，加快了商品流通，降低了成本。

(1)保鲜果　大型超市均设有保鲜库，在产季大量收购后仓储，达到季产年销。苹果、梨、山楂、海棠等北方果品，通过保鲜贮藏进行北果南运；蜜柚、柑橘、香蕉等通过保鲜贮藏进行南果北调，开辟销区，常年应市。

(2)干果品　山楂片、李干、桃片、核桃、板栗、桂圆干、荔枝干等干品以彩印袋小包装上市，在超市有专柜销售。

(3)深加工产品　果品罐头、饮料、蜜饯、果酱、调味品等系列产品。超市设有专柜、专列应市，品种齐全，产品吸引力强，都市民众大多在超市购买此类深加工产品。

3. 食品杂货商店

食品杂货商店在南方称京果店，主营干果、坚果、果脯、蜜饯、罐头、饮料、果酱、果汁等。这种食杂店遍布全国大、中、小城市，是果类干制品及深加工产品的一个重要营销场所。

4. 农贸市场

农贸市场也是果品交易的一个主要阵地。全国大、中城市所有农贸市场均有果品销售，尤其是县级农贸市场，全国2000多家，以批发供给一般小型零售商店为主。

5. 网上交易

可以利用网上交易平台，开展果品营销活动。较大的果品专业网站网址如下：

中国水果网 www. cnfruit. com

中国食品网 www. cnfoodnet. com

中华农林土畜贸易网 www. agriffchina. com

二、果品加工产品市场竞争形式和方法

1. 市场竞争的作用与核心

(1)市场竞争作用 市场竞争是作为果品加工企业产品生产的外部力量,无形调节供给与需求的平衡,是促进企业商品生产发展的一个重要条件,也是增强企业活力、促进生产力发展的一个重要途径。

市场竞争从营销角度看,是指果品加工产品的生产与经营之间,为占有更大的市场份额,所采取的一系列措施。竞争的根本要求和必然结果是优胜劣汰,强者占领市场,弱者退出市场。而退出市场者,通过总结失败教训,重新振作,采取措施,从商品生产和经营管理上加以改善,仍可重新参与市场竞争,反败为胜。

(2)市场竞争核心 现代市场竞争的核心是争夺消费者。市场竞争促使企业改善经营管理,争取更多顾客群,扩大市场占有率,从而促进生产发展,提高企业经济效益。

2. 市场竞争的主要形式

(1)卖者之间的竞争 卖者之间的竞争是市场竞争的主要形式。在买方市场条件下,卖者之间为了争夺市场营销的有利地位,必须努力去争取顾客。当某种商品供过于求时,争夺顾客的程度就会越激烈。

(2)买者之间的竞争 这种形式的市场竞争主要表现在生产者之间争夺原材料的竞争;中间商之间争夺货源的竞争。这种形式的竞争主要体现在质优价廉上。

(3)卖者与买者之间的竞争 卖方考虑的是如何在最短的时间内,以最低的成本,最理想的价格,生产和销售最多的商品,争取尽可能多获得利润。买者考虑的是怎样以最少的货币,买到最理想的商品。

3. 市场竞争方法

市场竞争中企业能否取胜，在一定程度上取决于市场竞争策略的制定、选择和运用。常见市场竞争有以下几种：

(1)以质取胜　产品质量时代化的标志是高、精、新。产品的质量与产品的竞争能力成正比。产品质量高，竞争能力就强；反之，竞争能力就弱，甚至失去竞争能力，失去顾客。

(2)创新取胜　果品加工企业在市场营销中，如果只求保住已有的目标市场是很危险的，即使是名牌商品也是如此。因此，在激烈的竞争中，企业的任何优势都只是暂时的，只有锐意进取和不断创新才是出路。跟上消费形势的发展和适应消费需求的变化，才能得以发展，才能使企业在竞争中保持一定的市场占有率。只有不断创新，企业才能始终保持领先地位。企业的优势主要表现在企业的实力上。企业的实力主要包括生产能力、科研能力、管理能力、销售能力、生产规模、资金状况、人员素质等。只能依靠自己的实力，发挥自己的优势，扬长避短，才能在竞争中取胜。竞争总是在各种优劣较量中进行的。这就要求企业不断增强实力，做到知己知彼，并制订出一套与自身实力相适应的市场竞争策略。

(3)快速取胜　所谓快速主要体现在“适应市场快”、“转产快”、“投产快”、“上市快”、“销售快”、“信息反馈快”，做到人无我有。这是企业在竞争中不可忽视的重要因素之一。速度是和时间、效率联系在一起的。掌握好速度，把握好时间，抓住了机遇，企业的效率就能提高，就能在竞争中取胜。

(4)廉价取胜　价格决定竞争力。物美价廉，向来是大多数消费者共同追求的目标。在产品的性能、质量和其他条件相同的情况下，如果价格低于市场上的同类商品，就容易受到消费者的欢迎，就具有市场竞争力。所以，果品加工企业必须在保证产品质量的前提下，大力节约原材料，加强管理，挖掘潜力，努力提高劳动生产率，减少不必要的流通环节，降低产品成本，生产出优质、价廉的产品，以薄利多销、薄利快销，来获取较大的利润。

(5)服务取胜 在市场商品供过于求的买方市场条件下，服务显得尤为重要，已成为企业竞争成败的决定性因素之一。企业必须做好不同时期、不同内容的服务工作。如售前，宣传产品性能、质量、咨询等。售中，为消费者出谋献策，耐心帮其挑选，介绍产品的特点，指导产品的食用方法，征求意见，为用户排忧解难。在接待客户时，要做到谦恭有礼、热情周到、有问必答、笑脸相待、百问不厌、百拿不烦，不与顾客争吵，要使用礼貌用语。售后，要根据企业的能力，做好送货上门等工作。目前，服务的形式多种多样，如电话服务，预约服务，邮寄服务，承购服务，咨询服务等。企业可以根据自己的实际情况，开展多种形式、多项内容且具新意的服务。

(6)信誉取胜 信誉是竞争力的立足点，是开拓市场并长久占领市场的重要条件。在今后的市场竞争中，企业严守合同，信守交货期，对广告和宣传负责，不失信于用户和消费者，就变得越来越重要。企业只有取信于顾客，在消费者中留下良好的印象，才能长久地立足于市场。

(7)联合取信 在竞争中走联合的道路，是企业发展的方向。现代联合不只是生产企业与生产企业之间，生产企业与销售部门之间，销售部门与销售部门之间的联合，还包括与科研机构、大专院校的联合，以及“公司＋生产基地＋农户方式”的联合。这样，可以扬长避短，发挥各自的优势；可以克服企业小、技术单一、资金不足、无力开发新产品和开拓新市场的困难；可以促进专业化合作，提高技术水平，提高劳动生产率；有助于各企业之间实行横向和纵向联系。通过联合，还可以减少产品开发和市场营销中的风险。

三、果品加工产品市场营销策略

1. 调查了解市场状况

市场经济时代是“流通决定生产”。一个企业的产品市场没打开，就会出现产品卖不出去，资金周转不灵，经营效益差。要使企业产品打开销路，首先要做好市场调查。调查重点如下：

(1)消费人群调查　主要了解和掌握市场需求情况，具体内容包括消费人群中现有和潜在的人数、购买数量、购买原因等；同行业或同类产品在市场上的销售数量，本企业和竞争者的同类产品各自的市场占有率；市场需求量的变化趋势等。

(2)产品市场调查　企业产品在市场上的适应情况，消费者对本企业产品的意见和要求；产品包装情况，品牌、商标在消费者心目中的印象。

(3)产品用户调查　用户调查主要是了解不同层次消费者的需求，以及消费者的购买欲望、购买能力、购买心理、购买习惯和购买方式等。

(4)销售价格调查　了解和掌握消费者对价格变动的反映，进行新产品的定价、老产品调价、价格策略的选取等。

(5)竞争对手调查　竞争对手的数量和竞争力的调查，以便为市场营销决策提供情报，主要包括对竞争企业的分析和竞争产品的特征分析等。

2. 合理制订产品价格

(1)产品定价原则　果品加工企业产品定价，体现在“合理”两个字上。合理意在产品价格消费者认可，乐意接受；企业经营能获理想经济效益。在产品定价时，必须考虑竞争对手的产品质量和价格。如果自己的产品与主要竞争者的产品相似，其定价也应相似。如果比竞争者产品质量差些，则定价应略低些；如果比对手的产品质量好，则定价可高于对方。这其中决策者必须估计到竞争者可能会调整价格，要及时了解对方调价原因，以便有针对性地来确定企业的价格策略。如果是研制新产品，市场尚未出现同类产品时，可灵活适当将价格调高些，以适应特殊消费群的需要，同时也争取短时间内将研制投入资本收回，当其他企业同类产品上市时可调低价格。

(2)合理定价方法

①成本定价法。以产品的单位成本作为定价的基本依据，加上一定的利润比例来制订产品出厂价。这种方法比较简单，能保证企业获得利润。

②市场需求导向定价法。它是以消费者对产品价值的认识程度为依据，来制订其产品价格。

③竞争导向定价法。它以竞争对手同类产品的定价为依据，来制定其产品的的价格。

(3)新产品定价策略

①高价法。根据产品的功能定价。若是其他产品代替不了的品种，可以采取高价法，满足特殊消费者需求。

②低价法。产品刚进入市场时，把价格定得很低，企业利薄，甚至亏本。但由于价格低，竞争对手可能不感兴趣，产品可大量渗透市场，扩大销量。这样，随着进入批量生产后，单位固定成本降低，企业亦可获得利润。

③同物多种定价法。某一产品因包装、商标、销售对象不同，可采用出厂价、批发价、内销价、优惠价及特种价等进行定价，视销售情况的变化而灵活掌握。

④满意定价法。指的是所定的价格对批发商、零售店、消费者都感到较为满意。果品加工的新产品应该采用这种定价法较为理想。

3. 强化商标和品牌意识

(1)商标性质 商标就是产品的标志，是企业用以标明自己

所生产或经营的产品，与其他企业生产或经营的同类产品有所区别的标志，通常由文字、数字、图形、名称和颜色组成，注明在产品和包装材料及其他宣传品上。

商标是商品可靠性的象征，是某种商品质量的体现。通过具有商标的产品在消费者心目中的地位，以及在省级、部级、国家级评比中的名次，督促生产企业不断提高产品质量。而产品质量和特色，是商标信誉的基础，企业通过商标信誉，在市场上有更强的竞争力，特别是经过注册的商标，就可以发挥维权的作用。

(2)品牌形象　品牌是生产企业用来代表自己企业和产品的特征及其性质的商业名称。商标和品牌有紧密的联系。商标是品牌的图案化；品牌是商标中所使用的名字、名词、符号的部分。品牌必须经过图案化设计成为商标后，才能依照商标法的规定注册登记，从而受到法律的保护。因此，在一般情况下，品牌与商标两者结合为一体，很难分开，共同构成产品的特殊标志。品牌可以提高企业产品形象，扩大产品销售面，实现品牌效益。

(3)品牌和商标设计　做好企业品牌和商标的设计十分重要，要求设计者不仅具有较高的文化和艺术修养、创新技术能力，以及丰富的知识和想象力，而且还需要熟悉和掌握所设计产品性能、质量、外观等情况。根据产品特点，设计出与之相适应的商标，从而达到增添产品魅力、促进产品销售的目的，实现更好的品牌效益。

4. 产品促销方法

产品销售主要靠促销，即促进顾客购买欲望，产生购买行为。

(1)参加各种展销会　企业参加各种专业性和综合性的展销会、订货会、供货会、交易会、博览会等，让自己的产品与更多公众见面，吸引广大客户及个人前来订货选购，如每年春秋两季，参加在广州举办的中国出口商品交易会，就是这种方法的运用。

(2)自办产品订货会　企业可以每年初举办一次产品展示订

货会,发函邀请国内外新老客户来厂参加,让客户了解企业产品生产和加工全过程,向客户展示企业产品,稳定客户心理,更好地建立与客户的购销关系,通过展示扩大产品订购量。

(3)服务型推销策略 企业通过良好周到的售前、售中、售后服务,促进销售。使顾客得到实际利益,消除顾虑,成为本企业忠实的客户,建立稳固的顾客群。此外,企业可将产品免费赠送给中间商或消费者,其目的是引起消费者的广泛注意。通过对所赠产品的试食,激发其购买欲望,坚定购买决心。

(4)传媒广告促销 即企业通过报纸、杂志、广播、电视、广告牌等媒介,向广大消费者传递信息,介绍产品的质量、性能、用途、服务,以及产品的声誉等情况,引起消费者的关注。

(5)委托性推销方法 果品加工产品在销售时,中间商认为销路把握不大,因此不愿购进。生产企业为了打消他们的顾虑,提高中间商的销售积极性,可委托其代销、试销产品,以促进产品尽快进入市场。生产企业也可通过在某零售商店设立商品专柜进行销售等。在新产品刚刚投入市场、产品信誉尚未建立之前,采用这种促销方法较为有效。

(6)信誉销售法 即企业通过良好的产品质量、周到的服务、有效的公共关系活动,提高产品知名度和企业信誉,使顾客对企业具有较深的了解和高度的信任,从而促进销售。

5. 发挥电子商务营销功能

充分利用企业网站的网络营销功能,建造适合网络营销需要的企业网站,为有效开展网络营销奠定基础。企业网站具有以下实质性的作用:

(1)体现企业形象 对于具备条件的企业,应力求在本企业的网站建设上,体现出自己的形象及品牌价值。这样,可获得与传统大型企业平等竞争的机会。

(2)产品服务展示 顾客访问网站的主要目的是为了对企业

的产品和服务进行深入的了解。企业网站的主要价值，在于通过产品的说明文字、图片甚至多媒体信息灵活地向用户展示产品。即使一个功能简单的网站，至少也相当于一本可以随时更新的产品宣传资料，并且这种宣传资料是用户主动来获取的，对信息内容有较高的关注度，因此，往往可以获得比一般印刷宣传资料更好的宣传效果。

(3)信息发布　网站是一个信息载体，在法律许可的范围内，可以发布一切有利于企业形象、促进销售的企业新闻、产品信息、各种促销信息、招标信息、合作信息、人员招聘信息等。因此，拥有一个网站就相当于拥有一个强有力的宣传工具，这就是企业网站具有自主性的体现。当网站建成之后，合理组织宣传对用户有价值的信息是网络营销的首要任务。当企业有新产品上市、开展阶段性促销活动时，也应充分发挥网站的信息发布功能，将有关信息首先发布在自己的网站上。

(4)顾客服务　通过网站可以为顾客提供各种在线服务（如QQ）和帮助信息。比如常见问题解答（FAQ）、电子邮件咨询、在线表单，通过即时信息，实时回答顾客的咨询等。这样，不仅为顾客提供了方便，也提高了服务效率，节省了服务成本。

(5)网上调查　市场调研是营销工作不可缺少的内容。企业网站为网上调查提供了方便、廉价的途径。通过网站上的在线调查表或者通过电子邮件、论坛、实时信息等方式，征求顾客意见，可以获得有价值的用户反馈信息。无论作为产品调查、消费者行为调查，还是品牌形象等方面的调查，企业网站都可以获得第一手市场资料。

6. 积极发展“绿色营销”

面对世界性以保护人类生态环境为主题的“绿色行动”浪潮，“绿色营销”的概念，已越来越引起广大企业的关注。世界性“绿色消费”的不断成长和规模的扩大，给现代企业营销人员带来了严峻的挑战,同时也创造了不可多得的市场发展机遇。果品加工产品应积极开展绿色营销。

(1)绿色营销理念 所谓"绿色营销",即指企业以消除或减少其生产经营活动对生态环境的破坏为中心,而展开的市场营销管理过程。

①企业在选择生产商品及技术的时候,应尽量减少不利于环境保护的因素。

②在商品消费与使用过程中,企业应尽量降低或引导消费者降低对环境造成的负面影响。

③企业在产品设计及包装考虑时,努力降低商品使用的残余物。例如以纸盒包装代塑胶容器的做法。

④对各种商品的软件服务,如生产产品观念、产品设计的理念、售后服务等过程,皆以符合节省资源、减少污染为其服务导向。

系统性"绿色营销"要求企业在进行市场营销活动时,应以经济效益的增长和人类环境保护的协调、和谐为其追求目标。

(2)"绿色营销"的措施 "绿色营销"的重心是如何使企业市场营销活动更加顾及环境的保护。企业的产品应积极争取具有环境保护的标签,以此作为一种市场营销手段来促销产品。"绿色营销"满足了人们的绿色需求,从长远利益着想,企业增强环保意识,并积极采取"绿色营销"手段,可为企业创造发展的机会。企业开发"绿色产品"的措施如下:

①应用绿色技术。改进产品的制造工艺,即企业在开始生产阶段就寻求基本解决环境的问题,如减少污染、节能、物资回收等。在产品加工过程中,力求使原材料等使用最少,提高其废品处理能力和再循环能力。

②产品绿色包装。企业在设计上应尽量减少产品的包装,并使用可循环的物资作为包装材料,尽可能废除硬纸板包装等。

③采用绿色标志。在果品加工产品的营销活动中，选择具有权威性的、符合市场要求的绿色标志十分重要。

④制订绿色价格。绿色价格意味着环境资源的开发利用不是免费的，产品的价格需要反映环境资源的价格。由于绿色产品在环保方面增加了投入，因而成本一般高于普通产品成本。这样，它的价格要高于非绿色产品价格。

⑤开发绿色促销。绿色促销包括绿色广告、绿色公关、绿色人员推销和营业推广。

⑥开辟绿色渠道。产品绿色营销在其流通的各个环节中，必须保持其产品的"绿色"。

7. 拓宽对外出口贸易

(1)发挥优势，把握时机　我国果品加工产品花色品种较多，加入世贸组织后，为果品加工产品走向世界提供了商机。近年来，我国出口品种主要有红枣、无花果、菠萝、芒果、番石榴、柑橘、葡萄、柠檬、柚子、西瓜、木瓜、苹果、梨、杏、李子、桃、樱桃、草莓、猕猴桃、荔枝等新鲜果品，以及各种水果罐头、果酱、果汁、蜜饯果脯等近百个品种。在日本的饭山中央青果市场，有河北鸭梨、辽宁山楂、烟台苹果、福建香蕉等果产品销售。印度从中国进口的富士苹果，零售价为每千克 100 卢比(约 2.17 美元)，鸭梨 110 卢比(约 2.39 美元)，而印度当地产的苹果零售价为每千克 40 卢比(约 0.87 美元)，梨 50 卢比(约 1.08 美元)，都比从中国进口的果品价格便宜。然而，在印度市场上，中国苹果、鸭梨购买者甚多，他们认为，中国苹果、鸭梨外观鲜亮、口感脆、水分足、味道甜，虽然价格贵些，但还是愿意购买。

(2)适应市场，追求质量　当前，国际市场果品的竞争已不再是低水平的价格竞争，已上升到价格、质量、服务与品牌的综合竞争。事实说明，低层次的价格竞争已不适应国际贸易发展的新形势。为此，我国果品生产与经营企业急需转变观念，调整竞争意识，高度重视果品的质量、安全，积极开展 HACCP、EUREP GAP 等国际标准认证工作。

(3)鲜干品并重，向深加工发展 果品加工产品出口，以保鲜冷藏为主，而深加工产品，除水果罐头出口量较大外，其他品种出口量相对较小。因此，应加大果品加工企业的投入，引进先进深加工生产线，研究新产品；面向精分类、精包装、出口商品型转化；在产品质量及包装上，必须适应国际标准。

(4)瞄准外销市场 全球果品市场潜力巨大，应进一步拓宽出口贸易市场。

参考文献

[1]高海生编著.果品产地贮藏保鲜技术[M].北京:金盾出版社,1999

[2]李喜宏主编.云南名特优果蔬保鲜实用技术[M].北京:中国轻工业出版社,2008

[3]罗云波,蔡同一主编.园艺产品贮藏加工学·贮藏篇[M].北京:中国农业出版社,2001

[4]刘星辉,郑家基等编著.柰的栽培[M].福州:福建科技出版社,1992

[5]王元裕,柏德玟等编著.柿栽培技术[M].杭州:浙江科学技术出版社,1996

[6]吴锦铸,张昭其主编.果蔬保鲜与加工[M].北京:化学工业出版社,2000

[7]邓伯勋主编.园艺产品贮藏运销学[M].北京:中国农业出版社,2002

[8]苏伟强,欧世金,刘荣光,刘业强编著.荔枝　龙眼　芒果采后处理与贮运保鲜技术[M].北京:中国农业出版社,2007

[9]刘慧敏,刘普编著.果品贮运工培训教材[M].北京:金盾出版社,2008

[10]陈丽等编著.苹果　梨　山楂贮运鲜实用技术[M].北京:中国农业科学出版社,2004

[11]蒋锦标,夏国京编著.无公害水果生产技术[M].北京:中国计量出版社,2002

[12]邱栋梁编著.果品质量学概论[M].北京:化学工业出版社,2006

[13]贾大猛.农产品供应链中的合作社变革与发展[J].中国农民合作社,2009(2):45～46

[14]王淑贞.苹果、梨无公害保鲜加工技术[M].北京:中国农业出版社,2008

[15]余兆海,高锡永.80种水果制品加工技艺第二版[M].北京:金盾出版社,1995.3

[16]罗云波,蔡同一.园艺产品贮藏加工学[M].北京:中国农业大学出版社,2007.8

[17]薛效贤，薛芹. 鲜果品加工技术及工艺配方[M]. 北京：科学技术文献出版社，2005

[18]刘章武. 果蔬资源开发与利用[M]. 北京：化学工业出版社，2007

[19]叶艾芊，杨军. 果品加工[M]. 福建省农函大教材编委会，1991

[20]吴振先、苏美霞、陈维信、韩冬梅. 香蕉贮藏保鲜及加工新技术[M]. 北京：中国农业出版社，2000

[21]高文胜，李林光. 桃栽培与贮藏加工新技术[M]. 北京：中国农业出版社，2005

[22]谭兴和，谭欢. 蜜橘、脐橙、柚子、金柑保鲜与加工技术[M]. 北京：中国农业出版社，2008

[23]潘静娴. 园艺产品贮藏加工学[M]. 北京：中国农业大学出版社，2007

[24]张晓光. 林果产品贮藏和加工[M]. 北京：中国林业出版社，2002